工业和信息化
人才培养规划教材

**Industry And Information
Technology Training
Planning Materials**

职 高 专 计 算 机 系 列

网络数据库
SQL Server 2012 教程

Network Database
SQL Server 2012

丁莉 杨阳 ◎ 主编
蔡姗姗 纪全 田帆 ◎ 副主编

U0390266

人民邮电出版社
北京

图书在版编目（CIP）数据

网络数据库SQL Server 2012教程 / 丁莉，杨阳主编
. -- 北京 : 人民邮电出版社，2015.4（2021.9重印）
　工业和信息化人才培养规划教材. 高职高专计算机系
列
　ISBN 978-7-115-38281-8

Ⅰ. ①网… Ⅱ. ①丁… ②杨… Ⅲ. ①关系数据库系
统－高等职业教育－教材 Ⅳ. ①TP311.138

中国版本图书馆CIP数据核字(2015)第031245号

内 容 提 要

本书介绍了 SQL Server 2012 数据库系统各种功能的应用和开发技术。全书共 9 章，主要内容包括
数据库概述、SQL Server 2012 安装与配置、创建和管理表、SELECT 数据查询、索引及视图、T-SQL
应用编程、存储过程与触发器、数据库安全与保护，数据库综合练习题，各章配有相应的实训练习。

◆ 主　编　丁 莉　杨 阳
　　副主编　蔡姗姗　纪　全　田　帆
　　责任编辑　刘盛平
　　执行编辑　刘 佳
　　责任印制　杨林杰
◆ 人民邮电出版社出版发行　北京市丰台区成寿寺路 11 号
　　邮编　100164　电子邮件　315@ptpress.com.cn
　　网址　http://www.ptpress.com.cn
　　固安县铭成印刷有限公司印刷
◆ 开本：787×1092　1/16
　　印张：13　　　　　　　　　2015 年 4 月第 1 版
　　字数：314 千字　　　　　　2021 年 9 月河北第 10 次印刷

定价：32.00 元

读者服务热线：**(010)81055256**　印装质量热线：**(010)81055316**
反盗版热线：**(010)81055315**

前 言 PREFACE

数据库应用技术课程是计算机类各专业的必修课，是一门实用性很强的课程。数据库技术是计算机技术中，发展最快、应用最广的一项技术，是现代化信息管理的重要工具。SQL Server 2012 是微软公司 21 世纪初数据库的新产品，提供了更多更全面的功能以满足不同人群对数据以及信息的需求，包括支持来自于不同网络环境的数据的交互，全面的自助分析等创新功能。数据库课程主要教学目的是使学生掌握数据库理论的同时，熟练使用 SQL Server 2012 软件，培养学生组织数据、管理数据、使用数据的实际操作能力。

为提高学生对数据信息的管理、使用能力，本书在内容编写、章节顺序、案例选取上都做了精心的设计。每章的模式基本采用"SSMS 窗口操作方式—T-SQL 语句命令方式—实训项目—课后练习题"方式进行编写。其中每章的案例、实训项目、课后练习均围绕着学生管理数据库、图书管理数据库编写，贯穿教材始终的学生管理数据库、图书管理数据库不仅使学生易于理解，更易于记忆。

本书本着理论知识够用，实际操作为主的原则，对建数据库、数据表、表的查询、视图、索引、触发器、数据库安全等主要操作步骤进行了详尽讲解。

本书配有课后实训项目，每个实训项目内容都与教材章节内容紧密结合，注重培养学生实际操作能力，帮助学生巩固所学知识，为以后的学习和工作打下良好的基础。

本书由丁莉、杨阳主编，蔡姗姗、纪全、田帆任副主编，参与编写的还有赵磊、李金靖、张波、冯光、吴子虓等，在此表示感谢，同时也向给予过热情帮助和支持的各位教师表示诚挚的谢意。

由于编者水平有限及时间仓促，书中难免存在疏漏和不妥之处，恳请各位专家和读者指教。

编 者
2014 年 12 月

目 录 CONTENTS

第 4 章 SELECT 数据查询   64

第 5 章 索引及视图   86

第 6 章 T-SQL 应用编程   101

第 7 章 存储过程与触发器   122

第 8 章 数据库安全与保护   148

PART 1

第1章
数据库概述

教学提示

在计算机科学飞速发展的今天，人们对于数据管理不断提出更高的要求。数据库技术成为了当今发展最快的技术之一，应用范围也日益广泛。本章主要介绍与数据库相关的基础知识，包括数据库的概念、数据库技术的发展阶段、数据库系统的构成和功能，以及数据库设计的方法。

教学目标

- 掌握数据库的基本概念
- 了解数据库技术的发展阶段
- 理解数据库系统的构成和功能
- 掌握数据库设计的方法

1.1 数据库的概念

如今，信息资源逐渐成为一种巨大的财富，而代表客观世界的数据更为人们所关注，对这些数据的管理恰恰就是数据库的功能了。所以，首先我们要明确的就是信息和数据、数据库及其相关的概念。

1.1.1 信息和数据的概念

1. 信息

信息奠基人香农（Shannon）认为"信息是用来消除随机不确定性的东西"，这一定义被人们看作经典性定义并加以引用。控制论创始人维纳（Wiener）认为"信息是人们在适应外部世界，并使这种适应反作用于外部世界的过程中，同外部世界进行互相交换的内容和名称"，它也被作为经典性定义加以引用。

信息具有以下基本特征：可量度、可识别、可转换、可存储、可处理、可传递、可再生、可压缩、可利用、可共享。

例如，商品的价格、生产日期，学生的学号、成绩，这些都是信息。

2. 数据

数据（Data）是对客观事物的一种符号记录，是通过一些人为规定的符号对信息进行记录，用以描述客观事物的特征。在计算机科学领域内，数据是指所有能输入计算机并被计算机程序处理的符号介质的总称。

将商品的价格、生产日期，学生的学号、成绩等信息，通过文字、数字、图像甚至声音等符号记录下来，就成为了数据。

3．信息和数据的关系

数据更多的是一种符号，而信息更重视内在的意义。数据是信息的载体，信息是数据的内涵。因为我们需要对信息进行记载和描述，所以产生了数据。而我们对已有的数据进行分析、整理和总结的过程中，又产生了新的信息。

1.1.2 数据库和数据库管理系统

1．数据库

数据库（Database，DB）是按照数据结构来组织、存储和管理数据的仓库，是指长期存储在计算机内、有组织、能为多个用户共享、具有尽可能小的冗余度、与应用程序彼此独立的数据集合。

这种数据集合具有如下特点。

（1）尽可能不重复，即无有害或者不必要的冗余。

（2）以最优方式为某个特定组织提供多种应用服务。

（3）数据能够独立存储，不依赖于使用它的应用程序。

（4）对数据的增、删、改、查均有一种通用的统一的方式进行管理和控制。

学校的学生管理部门常常要把本校学生的基本情况（学号、姓名、年龄、性别、籍贯、简历等）存放在表中，这些数据表就可以看成一个数据库。

2．数据库管理系统

数据库管理系统（Database Management System，DBMS）是一种介于用户与操作系统之间的大型软件，用于建立、使用和维护数据库。数据库在建立、运用和维护时，数据库管理系统进行统一的管理和控制，保证了数据的安全性、完整性、多用户的并发使用控制、故障修复等。

其主要功能包括以下方面。

（1）数据定义。数据库管理系统提供数据定义语言（Data Definition Language，DDL），供用户定义数据库的三级模式结构、两级映像以及完整性约束和保密限制等约束。

（2）数据操作。数据库管理系统提供数据操作语言（Data Manipulation Language，DML），供用户实现对数据的追加、删除、更新、查询等操作。

（3）数据库的运行管理。数据库的运行管理功能是数据库管理系统的运行控制、管理功能，包括多用户环境下的并发控制、安全性检查和存取限制控制、完整性检查和执行、运行日志的组织管理、事务的管理和自动恢复，即保证事务的原子性。

（4）数据组织、存储与管理。数据库管理系统要分类组织、存储和管理各种数据，包括数据字典、用户数据、存取路径等，需确定以何种文件结构和存取方式在存储级上组织这些数据，如何实现数据之间的联系。

（5）数据库的保护。数据库中的数据是信息社会的战略资源，所以数据的保护至关重要。数据库管理系统对数据库的保护通过 4 个方面来实现：数据库的恢复、数据库的并发控制、数据库的完整性控制、数据库的安全性控制。

（6）数据库的维护。这一部分包括数据库的数据载入、转换、转储，数据库的组合重构以及性能监控等功能，这些功能分别由各个使用程序来完成。

（7）通信。数据库管理系统具有与操作系统的联机处理、分时系统及远程作业输入的相关接口，负责处理数据的传送。对网络环境下的数据库系统，还应该包括数据库管理系统与网络中其他软件系统的通信功能以及数据库之间的互操作功能。

目前，广泛使用的数据库管理系统软件有 DB2、ORACLE、SYBASE、SQL Server、Visual Foxpro、ACCESS、MySQL 等。

学校的学生管理部门用来管理学生情况表的软件就是数据库管理系统，比如使用 SQL Server。

1.2 数据库技术的发展

数据库技术的发展经历了人工管理阶段、文件管理阶段、数据库管理阶段。

1.2.1 人工管理阶段

20 世纪 50 年代中期之前，计算机的主要功能是科学计算。当时软硬件的水平均比较低，硬件方面外存只有纸带、卡片、磁带，没有磁盘等可以直接存取的设备；而软件方面没有操作系统和专门用于数据管理的软件，数据处理主要采用批处理的方式进行。由于数据的组织方式是面向应用的，这就使得不同的程序之间不能实现数据共享，造成了大量重复数据的存在，很难保证应用程序之间数据的一致性，如图 1-1 所示。

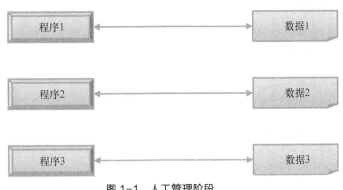

图 1-1　人工管理阶段

1.2.2 文件管理阶段

20 世纪 50 年代中期到 60 年代中期，计算机中有了专门管理数据库的软件——操作系统（文件管理系统），计算机中也有了如磁盘、磁鼓等大容量存储设备，计算机不再仅仅是应用于科学计算，而是大量地用于管理。数据以文件为单位存储在外存中，由操作系统统一管理，程序和数据可以分离，使得二者有了一定的独立性，各个应用程序可以共享一组数据。但是，此时的数据组织仍然面向程序，所以依然存在大量冗余；而文件之间相互独立，因此并不能反映真实世界中事物的联系，如图 1-2 所示。

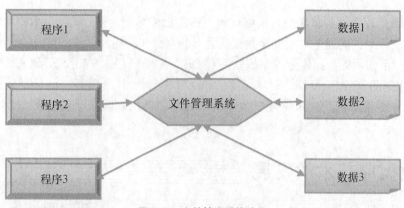

图 1-2　文件管理系统阶段

1.2.3　数据库管理阶段

20 世纪 60 年代后期以来，计算机用于数据管理的规模逐渐增大，应用范围逐步扩大，数据量也迅速增加，各种应用程序之间对于数据共享的需求越来越强烈，人们对数据管理技术提出了更高的要求。而与此同时，计算机硬件已经有了大容量的磁盘并且价格不断下降；相反的，软件的价格不断上升，使得编制和维护系统软件及应用程序所需的成本相对增加。数据库技术正是在这样一种大环境下应运而生的，如图 1-3 所示。

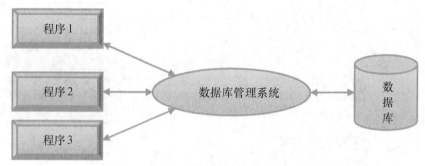

图 1-3　数据库管理系统阶段

1.2.4　数据管理技术的发展

具体来说，数据管理技术就是指人们对数据进行收集、组织、存储、加工、传播和利用的一系列活动的总和。这一技术经历了人工管理、文件管理和数据库管理三个阶段，每一阶段的发展以数据存储冗余逐渐减小、数据独立性逐步增强、数据操作更加方便和简单为标志，各自都有不同的特点。

如果说从人工管理到文件管理是计算机开始应用于数据的实质进步，那么从文件管理到数据库管理则标志着数据管理技术质的飞跃。20 世纪 80 年代后，不仅在大、中型计算机上实现并应用了数据管理的数据库技术，如 Oracle、Sybase、Informix 等；在微型计算机上也可使用数据库管理软件，如常见的 Access、FoxPro、SQL Server 等软件，使数据库技术得到广泛应用和普及。

1.3 数据库系统的构成及功能

数据库系统（Datebase System，DBS）是指在计算机系统中引入了数据库后，由数据库及其管理软件组成的系统。它是一个实际可运行的存储、维护和应用系统提供数据的软件系统，是存储介质、处理对象和管理系统的集合体。

学生基本情况数据库、SQL Server、计算机操作系统及其他软件、计算机、维护数据库的老师和使用数据库的其他人员就构成了一个数据库系统。

1.3.1 数据库系统的构成

数据库系统一般由以下几个部分组成。

（1）数据库。

（2）数据库管理系统。

（3）应用系统。

应用系统主要包括操作系统、应用开发工具软件、计算机网络软件以及为特定需要开发的数据库应用软件等。

（4）计算机硬件。

计算机硬件是数据库系统的物质基础，是存储数据库及运行数据库管理系统的硬件资源，主要包括主机、存储设备、输入输出设备以及计算机网络环境。

（5）数据库管理员和用户。

● 数据库管理员（Database Administrator，DBA）指负责管理和维护数据库服务器或系统的人员，对数据库系统进行全面管理和控制。不过这个职位的意义是因人而异的，不同的工作环境及不同的应用软件，数据库管理员的职责也不尽相同，一般包括以下几个方面。

① 一般监视。监控数据库的警告日志、重做日志状态监视、监控数据库的日常会话情况、碎片、剩余表空间监控、监控回滚段的使用情况、监控扩展段是否存在不满足扩展的表、监控临时表空间、监视对象的修改等。

② 对数据库的备份监控和管理。数据库的备份至关重要，对数据库的备份策略要根据实际要求进行更改。

③ 规范数据库用户的管理。定期对管理员等重要用户密码进行修改。对于每一个项目，应该建立一个用户。数据库管理员应该和相应的项目管理人员或者是程序员沟通，确定怎样建立相应的数据库底层模型，最后由数据库管理员统一管理、建立和维护。任何数据库对象的更改，都应该由数据库管理员根据需求来操作。

④ 数据库管理员深层次要求。一个数据库能否健康有效地运行，仅靠这些日常的维护还是不够的，还应该致力于数据库更深一层次的管理和研究：数据库本身的优化，开发上的性能优化；项目的合理化；安全化审计方面的工作；数据库的底层建模研究、规划设计；各种数据类型的处理；内部机制的研究等。

学校学生管理部门中的某位老师专门负责维护学生基本情况数据库，那么这位老师就是数据库管理员。

● 用户

用户是指在数据库管理系统和应用程序的支持下，操作使用数据库系统的使用者。他们通过应用系统的用户界面使用数据库，利用系统的接口或查询语言访问数据库，一般对数据

1.3.2　数据库系统的功能

（1）能够保证数据的独立性。数据和程序相互独立有利于加快软件开发速度，节省开发费用。

（2）冗余数据少，数据共享程度高。

（3）系统的用户接口简单，用户容易掌握，使用方便。

（4）能够确保系统运行可靠，出现故障时迅速排除；能够保护数据不受非受权者访问或破坏；能够防止错误数据的产生，一旦产生也能及时发现。

（5）有重新组织数据的能力，能改变数据的存储结构或存储位置，以适应用户操作特性的变化，改善由于频繁插入、删除操作造成的数据组织凌乱和时空性能变坏的状况。

（6）具有可修改性和可扩充性。

（7）能够充分描述数据间的内在联系。

1.4　数据库设计基础

数据库（Database）是按照数据结构来组织、存储和管理数据的仓库，数据库设计是数据管理的重要组成部分。

1.4.1　需求分析

需求分析阶段应该对系统的整个应用情况作全面的、详细的调查，确定企业组织的目标，收集支持系统总设计目标的基础数据和对这些数据的要求，确定用户的需求形成用户需求规约，并把这些要求写成用户和数据库设计者都能够接受的需求分析报告。这一阶段的工作主要包括以下几个方面。

（1）分析用户活动，产生业务流程图。

（2）确定系统范围，产生系统范围图。

（3）分析用户活动涉及的数据，产生数据流程图。

（4）分析系统数据，产生数据字典。

系统需求分析常用的方法包括以下方面。

（1）自顶向下的设计方法。先定义全局概念结构的框架，然后逐步细化为完整的全局概念。

（2）自底向上的设计方法。先定义各局部应用的概念结构，然后将它们集成，得到全局概念结构。

（3）逐步扩张的设计方法。先定义最重要的核心部分，然后向外扩充，生成其他概念结构。

（4）混合策略的设计方法。即采用自顶向下与自底向上相结合的方法。

1.4.2　概念设计

早期的数据库设计，在需求分析过后会直接进行逻辑结构的设计。此时既要考虑现实世界的联系与特征，又要满足特定的数据库系统的约束要求，使得设计工作变得十分复杂。1976年，P.P.S.CHEN 提出了概念模型和 E-R 方法。

概念设计的目标是产生能够准确反映企业组织信息需求的数据库概念结构，在这个步骤中设计出独立与计算机硬件和数据库管理系统的概念模式。概念设计过程中对用户要求描述的现实世界，比如说一个工厂、一个商场或者一个学校，通过对这个现实世界各个位置的分类、聚集和概括，建立抽象的概念数据模型。这个概念模型应能够反映现实世界各部门的信息结构、信息流动情况、信息间的互相制约关系以及各部门对信息储存、查询和加工的要求等。所建立的模型应避开数据库在计算机上的具体实现细节，用一种抽象的形式表示出来。

整个过程中主要使用的设计工具就是 E-R 模型。E-R 方法，即实体-联系方法，直接从现实世界中抽象出实体与实体间的联系，然后使用 E-R 图来表示数据模型。在 E-R 图中实体用方框表示；联系用菱形表示，同时用边将其与对应的实体连接起来，并在边上标出联系的类型；属性用椭圆表示，并且用边将其与对应的实体连接起来，如图 1-4 所示。一个现实世界抽象的简单 E-R 图，如图 1-5 所示。

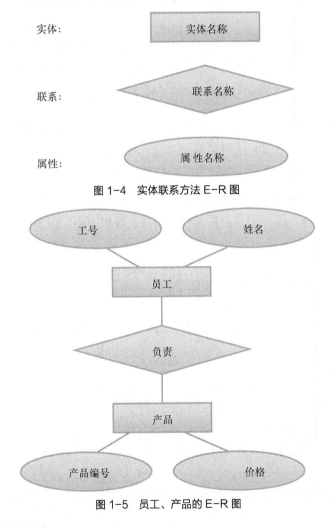

图 1-4 实体联系方法 E-R 图

图 1-5 员工、产品的 E-R 图

1.4.3 逻辑设计

逻辑设计的目的是把概念设计阶段设计好的全局 E-R 模式转换成与选用的具体机器上的数据库管理系统所支持的数据模型相符合的逻辑结构。与此同时，可能还需为各种数据处理应用领域产生相应的逻辑子模式。这一步设计的结果就是所谓的"逻辑数据库"。

首先将 E-R 图转换成具体数据库产品支持的数据模型（常见的数据模型包括层次模型、网状模型和关系模型等），形成数据库逻辑模式；然后根据用户处理的要求、安全性的考虑，在基本表的基础上建立必要的视图(View)，形成数据的外模式。

实体集转换的规则为：概念模型中的一个实体集转换为关系模型中的一个关系，实体的属性就是关系的属性，实体的码就是关系的码，关系的结构就是关系模式。

图 1-6 所示的 E-R 图如果转化为关系模型，可以表示为：

员工（工号，姓名）；

产品（产品编号，价格）；

负责（员工，产品）。

1.4.4　物理设计

物理设计的目的是根据数据库管理系统的特点和处理的需要，进行物理存储安排，建立索引，形成数据库内模式。

根据特定数据库管理系统所提供的多种存储结构和存取方法等依赖于具体计算机结构的各项物理设计措施，对具体的应用任务选定最合适的物理存储结构(包括文件类型、索引结构和数据的存放次序与位逻辑等)、存取方法和存取路径等。这一步设计的结果就是产生所谓的"物理数据库"。

由于目前使用的数据库管理系统基本上都是关系型的，物理设计的主要工作都是由系统自动完成的，用户关心的仅仅是索引文件的创建。特别是微机关系数据库的用户，可做的事情很少，只需使用数据库管理系统提供的数据定义语句去建立数据库结构就可以了。

1.4.5　实现、运行与维护设计

数据库的物理设计完成之后，设计人员开始进入数据库的实现阶段。此阶段的主要工作包括：

（1）建立实际数据库结构。

（2）装入试验数据对应用程序进行调试。

（3）装入实际数据，进入试运行状态。

在此之后，数据库管理员需要根据各方面因素的不断变化，对数据库本身做经常性的维护工作，该阶段有 5 项任务。

（1）数据库的转储和恢复。

（2）维护数据库的安全性与完整性。

（3）监测并改善数据库的运行性能。

（4）根据用户要求对数据库现有功能进行扩充。

（5）及时改正运行中发现的系统错误。

1.5　设计案例

下面以学生管理系统为例，说明数据库设计的各个步骤。

（1）需求分析。学校要使用一套学生管理系统，具体要求如下。

- 实体 1：学生。属性：学号、姓名、性别、生日、籍贯、学院编号。
- 实体 2：学院。属性：学院编号、学院名称、主任。
- 实体 3：课程。属性：课程编号、课程名称、学分。
- 学生属于某一学院，学习某门课程获得成绩。

（2）概念设计。根据各实体的属性和实体之间的关系绘制 E-R 图，如图 1-6 所示。

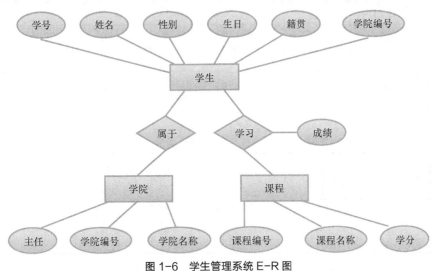

图 1-6　学生管理系统 E-R 图

（3）逻辑设计。由上述 E-R 图转换为关系模型如下。

学生（学号、姓名、性别、生日、籍贯、学院编号）；

学院（学院编号、学院名称、主任）；

课程（课程编号、课程名称、学分）；

成绩（学号、课程编号、成绩）。

（4）物理设计。根据 SQL Server 2012 的数据库结构，指定数据库文件的名称，设计表的结构。

数据库文件名：学生管理系统。

对应的表有学生、学院、课程、成绩，结构如表 1-1～表 1-4 所示。

表 1-1　　　　　　　　　　　　　学生表

字段名	类型	宽度	小数	主索引	参照表	约束	Null
学号	char	8		主			
姓名	varchar	8					
性别	char	2				男或女	
生日	date						
籍贯	varchar	20					允许
学院编号	char	8			学院表		

表 1-2　　　　　　　　　　　　　学院表

字段名	类型	宽度	小数	主索引	参照表	约束	Null
学院编号	char	8		主			
学院名称	varchar	16					
主任	varchar	8					允许

表 1-3   课程表

字段名	类型	宽度	小数	主索引	参照表	约束	Null
课程编号	char	8		主			
课程名称	varchar	16					
学分	int					<=6	

表 1-4   成绩表

字段名	类型	宽度	小数	主索引	参照表	约束	Null
学号	char	8			学生表		
课程编号	varchar	8			课程表		
成绩	float	4	1			>=0 并且 <=100	允许

根据上述表格来创建数据库、数据表，并加以运行和维护。

1.6   本章小结

本章介绍了信息、数据的概念以及信息与数据之间的关系；对于数据库的特点和数据库管理系统的功能进行了详细的说明；数据库技术发展经历了三个阶段：人工管理、文件管理和数据库管理；数据库系统由多个组成部分构成，其中包括：数据库、数据库管理系统、应用系统、计算机硬件、数据库管理员和用户等，每个组成部分都有各自的功能；在进行数据库设计的时候，需要经历五个步骤，分别为：需求分析、概念设计、逻辑设计、物理设计以及数据库的实施、运行和维护；最后通过一个具体的设计案例对数据库设计的方法进行了说明。

1.7   课后习题

一、选择题

1. 在数据管理技术发展的三个阶段中，数据共享最好是（　　）。

A. 人工管理阶段   B. 文件系统阶段

C. 数据库系统阶段   D. 三个阶段相同

2. 数据库管理系统是（　　）。

A. 操作系统的一部分   B. 在操作系统支持下的系统软件

C. 一种编译系统   D. 一种操作系统

3. 下列叙述中正确的是（　　）。

A. 数据库系统是一个独立的系统，不需要操作系统的支持

B. 数据库技术的根本目标是要解决数据的共享问题

C. 数据库管理系统就是数据库系统

D. 以上三种说法都不对

4. 数据库（DB）、数据库系统（DBS）和数据库管理系统（DBMS）三者之间的关系是（　　）。

A. DBS 包括 DB 和 DBMS   B. DBMS 包括 DB 和 DBS

C. DB 包括 DBS 和 DBMS   D. DBS 就是 DB，也就是 DBMS

5. 数据库管理系统能实现对数据库中数据的查询、插入、修改和删除等操作，这种操作称为（　　）。

A. 数据定义功能   B. 数据管理功能

C. 数据操作功能   D. 数据控制功能

二、填空题

1. 数据库系统的核心是_____。

2. 在数据库管理系统提供的数据定义语言、数据操纵语言和数据控制语言中，_____负责数据的模式定义与数据的物理存取构建。

3. 数据库系统一般由以下几个部分组成：_____、_____、_____、_____、_____。

三、简答题

1. 什么是信息？什么是数据？它们之间的关系是什么？

2. 数据库管理系统的功能有哪些？

3. 举例说明人工管理阶段和文件管理阶段的缺点。

4. 根据数据库设计的步骤，设计一个图书管理系统。

第 2 章
SQL Server 2012 安装与配置

教学提示

　　本章介绍了 SQL Server 2012 的基础知识，包括 SQL Server 2012 的功能、特点、安装和配置的知识，以及 SQL Server 2012 的文件，对象和创建数据库，修改数据库和删除数据库的操作方法。通过本章的学习，可以初步了解 SQL Server 2012 的基础知识，走入 SQL Server 2012 的世界，为下一章节的学习打下良好的基础。

教学目标

- 了解 SQL Server 2012 的特点和功能
- 熟练安装和配置 SQL Server 2012
- 熟练使用 SSMS 创建修改和删除数据库
- 熟练使用 T-SQL 语句创建修改和删除数据库

2.1 SQL Server 2012 简介

2.1.1 SQL Server 2012 的特点和功能

　　SQL Server 2012 是由 Microsoft 开发和推广的关系数据库管理系统（DBMS），于 2012 年正式发布。SQL Server 2012 和以前的版本相比更加具备可伸缩性、更加可靠以及前所未有的高性能。为用户对数据的转换和勘探提供强大的交互操作能力，并协助做出正确的决策。

　　SQL Server 2012 是可用性和大数据领域的领头羊。作为新一代数据平台产品，SQL Server 2012 不仅延续现有数据平台的强大能力，全面支持云技术与平台，并且能够快速构建相应的解决方案，实现私有云与公有云之间数据的扩展与应用的迁移。针对大数据以及数据仓库，SQL Server 2012 提供从数 TB 到数百 TB 全面端到端的解决方案。

　　SQL Server 2012 的新功能可以将数据库镜像故障转移提升到全新的高度，用户可以针对一组数据库做灾难恢复而不是一个单独的数据库。为数据仓库查询设计了特殊类型的只读索引，具备组织成扁平化的压缩形式存储，在大规模的查询情况下可极大地减少 I/O 和内存利用率。支持 Windows Server Core，使用 DOS 和 PowerShell 来做用户交互，使资源占用更少，更安全。增加了 Power View 这个强大的自主 BI 工具，可以让用户创建 BI 报告。Microsoft 宣布与 Hadoop 供应商 Hortonworks 合作，并计划发布 Linux 版本的 Microsoft SQL Server ODBC 驱动程序。同时，Microsoft 也在构建 Hadoop 连接器。Microsoft 表示，随着新连接工具的出现，客户将能够在 Hadoop、SQL Server 和并行数据库仓环境下相互交换数据。也就是说，SQL Server 全面进入了大数据时代。

2.1.2 SQL Server 2012 的结构及数据库种类

从结构的角度看，SQL Server 2012 是客户机/服务器结构。客户机负责组织与用户的交互和数据显示，服务器负责数据的存储和管理，用户通过客户机向服务器发出各种操作请求，服务器根据用户的请求处理数据，并将结果发回给客户机。

事实上，就 SQL Server 而言，即使在运行 SQL Server 的同一台机器上运行应用程序，仍然还是客户机/服务器模型。服务器运行一个单独的多线程进程，为来自客户机的请求提供服务，而不管客户机的位置在哪里。客户机程序代码本身是单独地运行在客户机应用程序内部的 DLL，与 SQL Server 的实际接口是在客户机和服务器之间对话的"表格数据流"协议。

数据库的种类包括：系统数据库、用户数据库和实例数据库。

系统数据库是在安装 SQL Server 2012 时由系统自动创建的数据库，其用于协助系统共同完成对数据库的相关操作，同时也是 SQL Server 2012 运行的基础。下面介绍四种系统数据库。

1. master 数据库

master 数据库是 SQL Server 2012 的核心数据库，如果该数据库被破坏，则 SQL Server 将无法正常运行。其主要包括如下几个重要信息：所有的用户登录名及用户 ID 所属的角色、数据库的存储路径、服务器中数据库的名称及相关信息、所有的系统配置设置(例如数据排序信息、安全实现、恢复模式)、SQL Server 的初始化信息。

2. msdb 数据库

msdb 数据库由 SQL Server 代理用于计划警报和作业，也可以由其他功能（如 Service Broker 和数据库邮件）使用。

3. model 数据库

用作 SQL Server 实例上创建的所有数据库的模板。对 model 数据库进行的修改（如数据库大小、排序规则、恢复模式和其他数据库选项）将应用于以后创建的所有数据库。

model 数据库用于 SQL Server 实例上创建的所有数据库的模板。因为每次启动 SQL Server 时都会创建 tempdb，所以 model 数据库必须始终存在于 SQL Server 系统中。

4. tempdb 数据库

tempdb 数据库是一个工作空间，用于保存临时对象或中间结果集。tempdb 系统数据库是一个全局资源，可供连接到 SQL Server 实例的所有用户使用，并可用于保存下列各项。

（1）显式创建的临时用户对象，例如全局或局部临时表、临时存储过程、表变量或游标。

（2）SQL Server 数据库引擎创建的内部对象，例如用于存储假脱机或排序的中间结果的工作表。

（3）由使用已提交（使用行版本控制隔离或快照隔离事务）的数据库中数据修改事务生成的行版本。

（4）由数据修改事务为实现联机索引操作、多个活动的结果集 (MARS) 以及 AFTER 触发器等功能而生成的行版本。

tempdb 中的操作是最小日志记录操作。这将使事务产生回滚。每次启动 SQL Server 时都会重新创建 tempdb，从而在系统启动时总是保持一个干净的数据库副本。在断开连接时会自动删除临时表和存储过程，并且在系统关闭后没有活动连接。因此 tempdb 中不会有什么内容从一个 SQL Server 会话保存到另一个会话，不允许对 tempdb 进行备份和还原操作。

2.2 SQL Server 2012 安装配置和登录

2.2.1 SQL Server 2012 的安装配置

1. 安装环境

（1）软件环境。Windows 7、Windows Server 2008 R2、Windows Server 2008 Service Pack 2、Windows Vista Service Pack 2。

（2）硬件环境。32 位至少 1GHz 或同等性能的兼容处理器，建议使用 2GHz 及以上的处理器计算机；对于 64 位需要 1.4GHz 或速度更快的处理器，最低支持 1GB RAM，建议使用 2GB 或更大的 RAM，至少 2.2GB 可用硬盘空间。

2. 安装 SQL Server 2012

（1）插入 SQL Server 2012 光盘，安装程序自动运行，在安装界面下选择安装程序，选择【全新 SQL Server 独立安装或向现有安装添加功能】，如图 2-1 所示。

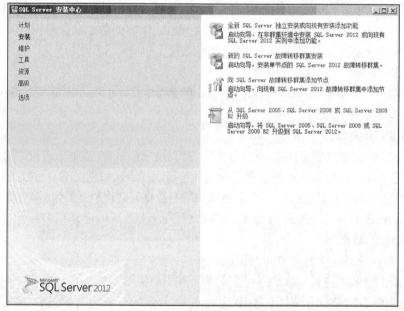

图 2-1 安装过程初始界面

（2）进入 SQL Server 的产品密钥。在指定版本选项中选择【Evaluation】。其中 Evaluation 是试用版，功能齐全，免费试用，不能商用，有使用时间限制；Express 是简装版，功能不全，不限制使用的时间和场合，如图 2-2 所示。

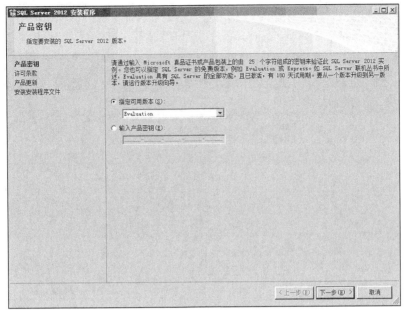

图 2-2　产品密钥界面

（3）进入许可条款页面，勾选【我接受许可条款】，并单击"下一步"按钮，如图 2-3 所示。

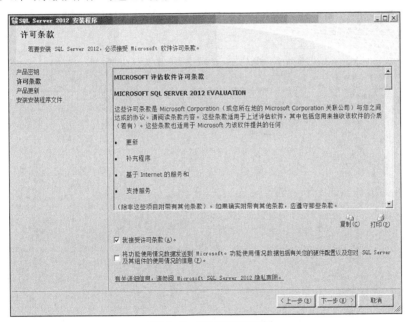

图 2-3　许可条款界面

（4）进入产品更新界面，单击"下一步"按钮，如图 2-4 所示。

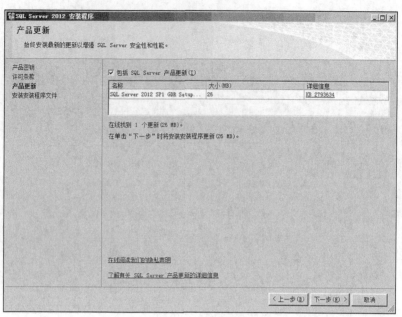

图 2-4　产品更新界面

（5）进入安装安装程序文件界面，等待完成，如图 2-5 所示。

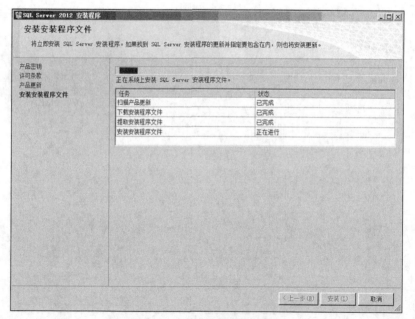

图 2-5　安装安装程序文件界面

（6）进入安装程序支持规则界面，等待验证通过后，单击"下一步"按钮，如图 2-6 所示。

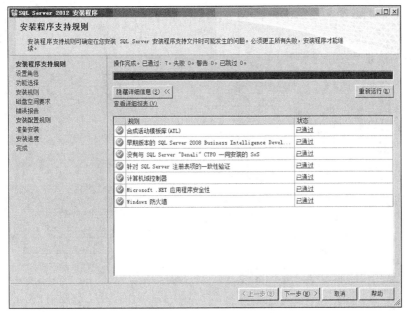

图 2-6　安装程序支持规则界面

（7）进入设置角色界面，选择 SQL Server 功能安装按键，单击"下一步"按钮，如图 2-7 所示。

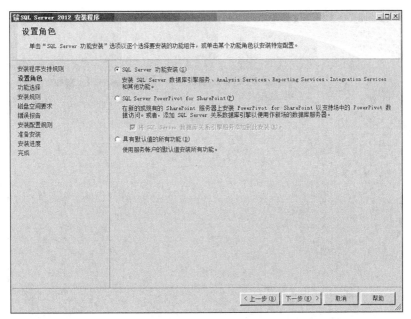

图 2-7　设置角色界面

（8）进入功能选择界面，在功能界面下单击"全选"按钮（对于 SQL Server 的初学者，建议选择全选按钮，如果今后水平提升，可以按照自身需求选择所需选项），可以根据需求选择共享功能目录，这里选择默认，单击"下一步"按钮，如图 2-8 所示。

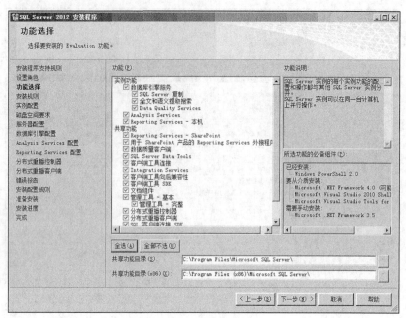

图 2-8　功能选择界面

（9）进入安装规则界面，检验通过后，单击"下一步"按钮。如果未通过，根据提示解决问题（注意本步骤需自行安装 Microsoft.NET Framework 3.5），如图 2-9 所示。

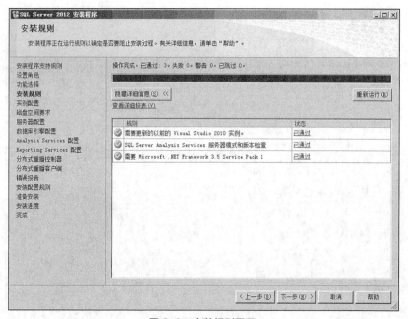

图 2-9　安装规则界面

（10）进入实例配置界面，选择"默认实例"选项，单击"下一步"按钮（对于 SQL Server 的初学者，建议选择默认选项，如果今后水平提升，可以按照自身需求选择），如图 2-10 所示。

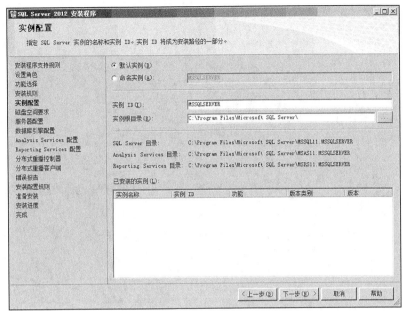

图 2-10　实例配置界面

（11）进入磁盘空间需求界面，单击"下一步"按钮（此部分内容没有选项，故没有给出截图）。进入服务器配置界面，单击"下一步"按钮，如图 2-11 所示。

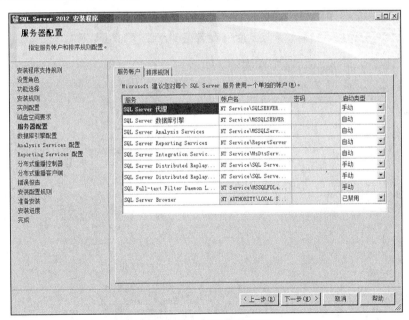

图 2-11　服务配置界面

（12）进入数据库引擎配置界面，选择 Windows 身份验证模式（对于 SQL Server 的初学者，建议选择 Windows 身份验证模式）。在指定 SQL Server 管理员选项中，单击"添加当前用户"按钮，单击"下一步"按钮，如图 2-12 所示。

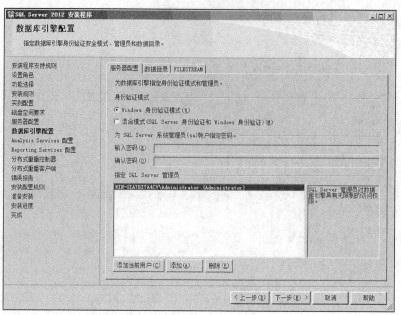

图 2-12　数据库引擎配置界面

（13）进入 Analysis Services 配置界面，默认选择"多维和数据挖掘模式"，并在"指定哪些用户具有 Analysis Services 管理权限"选项中，单击"添加当前用户"按钮，单击"下一步"按钮，如图 2-13 所示。

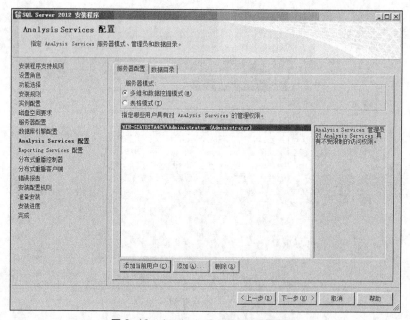

图 2-13　Analysis Services 配置界面

（14）进入 Reporting Services 配置界面，默认选项，单击"下一步"按钮，如图 2-14 所示。

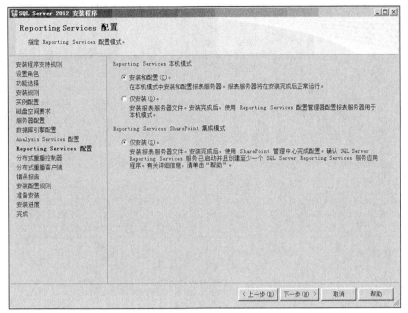

图 2-14　Reporting Services 配置界面

（15）进入分布式重播控制器界面，单击"添加当前用户"按钮，单击"下一步"按钮，如图 2-15 所示。

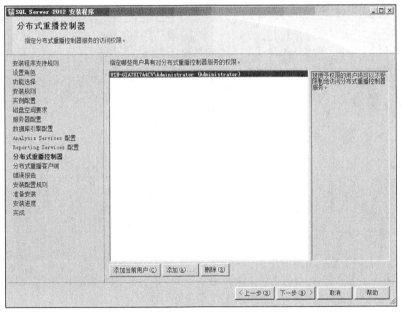

图 2-15　分布式重播控制器界面

（16）进入分布式重播客户端界面，默认选项，单击"下一步"按钮，如图 2-16 所示。

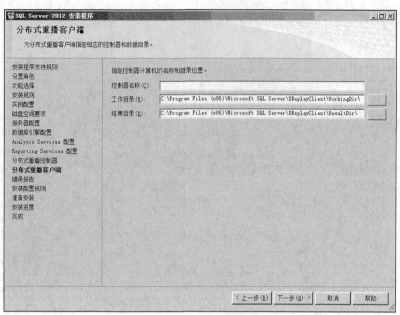

图 2-16　分布式重播客户端界面

（17）进入错误报告界面，单击"下一步"按钮，如图 2-17 所示。

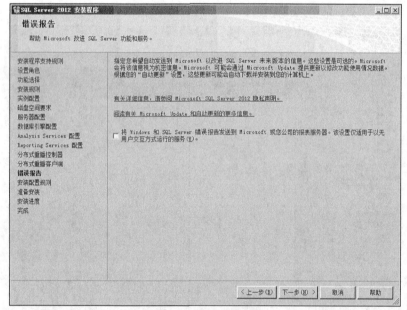

图 2-17　错误报告界面

（18）进入安装配置规则界面，单击"下一步"按钮，如图 2-18 所示。

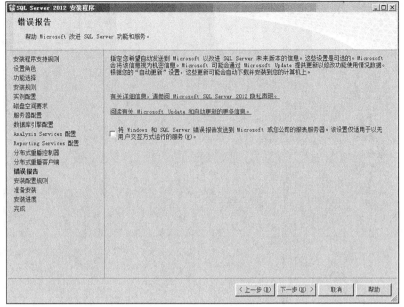

图 2-18　安装配置规则界面

（19）进入准备安装界面，此时安装程序已经就绪，可根据自身要求选择配置文件路径。这里我们选择默认路径，单击"安装"按钮，如图 2-19 所示。

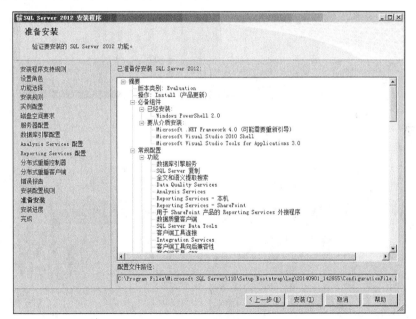

图 2-19　准备安装界面

（20）进入安装进度界面，系统自动配置所选择的组件，用户耐心等待，如图 2-20 所示。

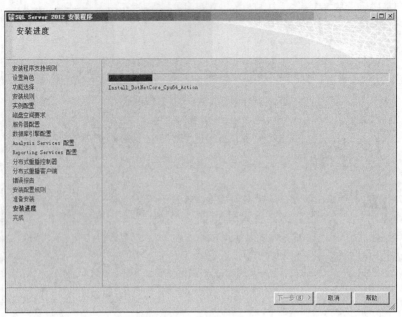

图 2-20　安装进度界面

（21）经过一段时间的等待进入完成界面，此时 SQL Server 2012 已经安装完毕，单击"关闭"按钮即可，如图 2-21 所示。

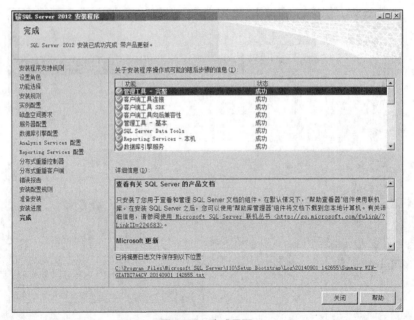

图 2-21　完成界面

2.2.2　SQL Server 2012 的登录

（1）选择"开始"→"所有程序"→"Microsoft SQL Server 2012"→"SQL Server Management"→"SQL Server Management Studio"菜单，如图 2-22 所示。

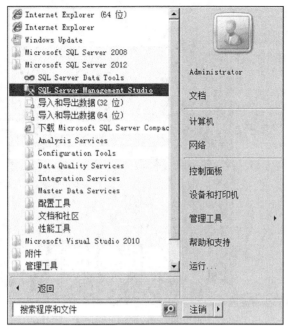

图 2-22　选择菜单

（2）进入连接到服务器对话框，在"服务器名称"下拉列表中显示的是上一次连接的名称，若是首次使用，则显示的是本地计算机名，表示本地默认实例，单击"连接"按钮，如图 2-23 所示。

图 2-23　连接服务器对话框

（3）启动后，将显示 Microsoft SQL Server Management Studio 窗口，完成登陆录，如图 2-24 所示。

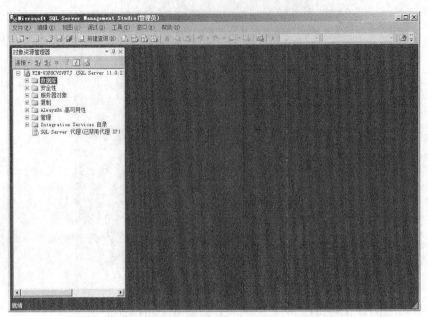

图 2-24 Microsoft SQL Server Management Studio 窗口

2.2.3 SQL Server Management Studio

　　SQL Server Management Studio 简称 SSMS，是一个集成的环境，是 SQL Server 2012 管理和应用中使用最频繁的工具，用于访问、配置、控制、管理和开发 SQL Server 的所有组件。SMSS 将一组多样化的图形工具与多种功能齐全的脚本编辑器组合在一起，可为各种技术级别的开发人员和管理员提供对 SQL Server 的访问。在后面章节中介绍的有关数据库、表、索引、视图、存储过程、触发器、备份、恢复等操作都可在 SQL Server Management Studio 中完成。

2.3 数据库文件与对象

2.3.1 数据库文件

　　SQL Server 2012 数据库文件分为数据文件和日志文件。

1. 数据文件 (data file)

　　一个数据库可以有一个或多个数据文件，其中默认最先创建并包含系统对象的文件称为主数据文件 (primary data file)，其默认扩展名为.mdf，主数据文件是必需的，一个数据库只有一个主数据文件，不可以删除。

　　其他数据文件称为从属数据文件 (secondary data file)，其默认扩展名为.ndf，一个数据库可以没有从属数据文件，也可以同时拥有多个从属数据文件。在文件中的数据被清空的情况下可以删除，对于超大的数据库，使用多个数据文件可以提高管理的灵活性。将多个数据文件分布在不同的磁盘上，可以有助于提升数据库的整体 I/O 性能，磁盘访问的 I/O 压力将随机分布到不同的磁盘上。

2. 日志文件 (transaction log file)

　　事务日志文件保存用于恢复数据库的日志信息，一个数据库可以有一个或多个事务日志文件 ，其默认扩展名为.ldf。使用多个事务日志文件对于数据库性能没有好处，事务日志总是在单个日志文件中顺序写入的。

2.3.2　数据库对象

数据库对象是数据库的组成部分，其中包括表（Table）、索引（Index）、视图（View）、图表（Diagram）、默认值（Default）、规则（Rule）、触发器（Trigger）、存储过程（Stored Procedure）、用户（User）等。

关于这些数据库对象，这里只做初步介绍，在后面章节的学习中逐步加深了解。

1. 表（Table）

数据库中的表与我们日常生活中使用的表格类似，由行和列组成，列由同类的信息组成，每列又称为一个字段，每列的标题称为字段名。行包括了若干列信息项，一行数据称为一个或一条记录，表达有一定意义的信息组合。一个数据库表由一条或多条记录组成，没有记录的表称为空表。每个表中通常都有一个主关键字，用于唯一的确定一条记录。

2. 索引（Index）

索引是根据指定的数据库表中的列建立起来的逻辑顺序。它提供了快速访问数据的途径，并且可以检查表中的数据，使其索引所指向列中的数据不重复。

3. 视图（View）

视图看上去似乎同表一模一样，具有一组命名的字段和数据项，但它其实是一个虚拟的表，在数据库中并不实际存在。视图是由查询数据库表产生的，它限制了用户能看到和修改的数据。由此可见，视图可以用来控制用户对数据的访问，并能简化数据的显示，即通过视图只显示那些需要的数据信息。

4. 图表（Diagram）

图表其实就是数据库表之间的关系示意图，利用它可以编辑表与表之间的关系。

5. 缺省值（Default）

缺省值是当在表中创建列或插入数据时，对没有指定其具体值的列或列数据项赋予事先设定好的值。

6. 规则（Rule）

规则是对数据库表中数据信息的限制，它限定的是表的列。

7. 触发器（Trigger）

触发器是一个用户定义的 SQL 事务命令的集合。当对一个表进行插入、更改、删除时，这组命令就会自动执行。

8. 存储过程（Stored Procedure）

存储过程是为完成特定的功能而汇集在一起的一组 SQL 程序语句，经编译后存储在数据库中的 SQL 程序。

9. 用户（User）

所谓用户就是有权限访问数据库的人。

2.4　数据库的创建

创建数据库的过程是为数据库确定名称、大小、存放位置、文件名和所在文件组的过程。数据库的名称必须满足 SQL Server 标识符命名规则，最好使用有意义的名称命名数据库。在一台 SQL Server 服务器上,各数据库名称是唯一的。每个数据库至少有两个文件(一个主数据文件和一个事务日志文件)和一个文件组。

2.4.1 使用 SSMS 创建数据库

(1)启动 SQL Server Management Studio,连接服务器后,展开其树状目录,右击"数据库"文件夹,在弹出的快捷菜单中,选择"新建数据库"命令,如图 2-25 所示。

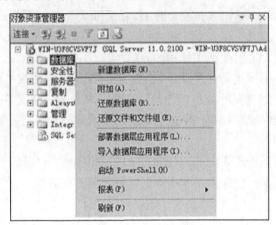

图 2-25 树状目录

(2)在"新建数据库"对话框"常规"页上的"数据库名称"文本框中输入新建数据库的名称"StuInfo"。在该页中还能修改所有者名称、启用数据库的全文索引及更改数据库文件的默认设置(包括逻辑名称、初始大小、自动增长/最大大小、路径以及文件名)。见创建数据库界面,如图 2-26 所示。

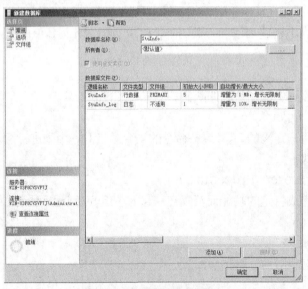

图 2-26 创建数据库界面

(3)如果进行更多选项设置,则选择"选项页"列表框中的"选项",在此页面中,能够设置新建数据库的排序规则、恢复模式、兼容级别、包含类型及其他选项。创建数据库的选项界面,如图 2-27 所示。

图 2-27　创建数据库的选项界面

（4）在"选项页"的"文件组"页中，能够设置添加文件组或者删除用户所添加的文件组。创建文件组界面，如图 2-28 所示。

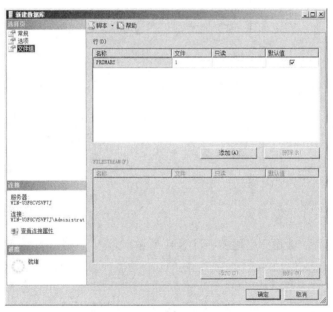

图 2-28　创建文件组界面

（5）单击"确定"按钮，完成数据库的创建。创建完成后，在"对象资源管理器"中增加了一个新建的 StuInfo 数据库，如图 2-29 所示。

图 2-29　新建的 StuInfo 数据库

2.4.2　使用 T-SQL 语句创建数据库

创建数据库的语法格式如下。

```
CREATE DATABASE database_name
 [ ON
    [ PRIMARY ] <filespec> [ , ...n ]
    [ LOG ON <filespec> [ , ...n ] ]
]
```

其中:

```
<filespec> ::=
{
(
  NAME = logical_file_name ,
  FILENAME = { 'os_file_name' | 'filestream_path' }
  [ , SIZE = size [ KB | MB | GB | TB ] ]
  [ , MAXSIZE = { max_size [ KB | MB | GB | TB ] | UNLIMITED } ]
  [ , FILEGROWTH = growth_increment [ KB | MB | GB | TB | % ] ]
)
}
```

注: 以上命令格式为简化格式, 完整格式请参见说明。

参数说明:

database_name

新数据库的名称。数据库名称在 SQL Server 的实例中必须唯一, 并且必须符合标识符规则。除非没有为日志文件指定逻辑名称, 否则 database_name 最多可以包含 128 个字符。如果未指定逻辑日志文件名称, 则 SQL Server 将通过向 database_name 追加后缀来为日志生成 logical_file_name 和 os_file_name。这会将 database_name 限制为 123 个字符, 从而使生成的逻辑文件名称不超过 128 个字符。如果未指定数据文件的名称, 则 SQL Server 使用 database_name 作为 logical_file_name 和 os_file_name。

PRIMARY

指定关联的 <filespec> 列表定义主文件。在主文件组的 <filespec> 项中指定的第一个文件将成为主文件。一个数据库只能有一个主文件。如果没有指定 PRIMARY, 那么 CREATE DATABASE 语句中列出的第一个文件将成为主文件。

LOG ON

指定显式定义用来存储数据库日志的磁盘文件（日志文件）。LOG ON 后跟以逗号分隔的用以定义日志文件的 <filespec> 项列表。如果没有指定 LOG ON，将自动创建一个日志文件，其大小为该数据库的所有数据文件大小总和的 25% 或 512 KB，取两者之中的较大者。此文件放置于默认的日志文件位置。

【例 2-1】创建一个只包含一个数据库文件和一个日志文件的数据库。该数据库名为 StuInfo，数据文件的逻辑文件名为 StuInfo_data，数据文件的操作系统名为 StuInfo_data.mdf，初始大小为 10MB。最大可增至 500MB，增幅为 10%；日志文件的逻辑名为 StuInfo_log，日志文件的操作系统名为 StuInfo_log.ldf，初始大小为 5MB，最大值为 100MB，日志文件大小以 2MB 增幅增加。

（1）单击"工具栏"中的"新建查询"按钮，如图 2-30 所示。

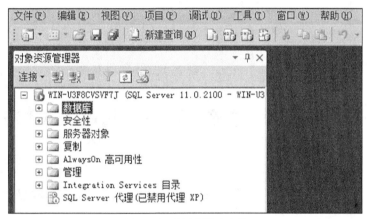

图 2-30　创建数据库文件

（2）在弹出的对话框中输入以下程序代码。

```
CREATE DATABASE StuInfo
ON PRIMARY
(NAME=StuInfo_data,
FILENAME="d:\SQL\StuInfo_data.mdf",
SIZE=10MB,
MAXSIZE=500MB,
FILEGROWTH=10%)
LOG ON
(NAME=StuInfo_log,
FILENAME="d:\SQL\ StuInfo_log.ldf",
SIZE=5MB,
MAXSIZE=100MB,
FILEGROWTH=2MB)
```

（3）单击"工具栏"中的"分析"按钮，或利用快捷键"Ctrl+F5"，如图 2-31 所示。

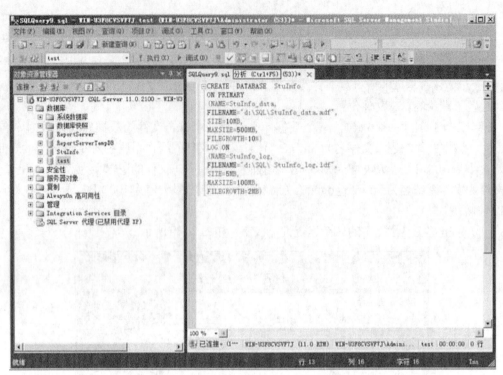

图 2-31　单击"工具栏"中的"分折"按钮

（4）出现结果"命令已成功完成"，说明此程序正确无误，可以执行，如图 2-32 所示。

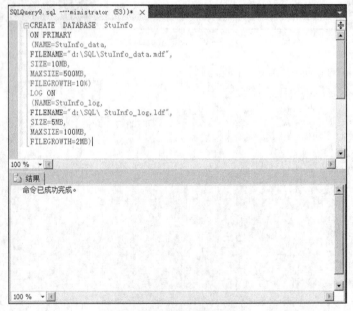

图 2-32　命令已成功完成

（5）单击"工具栏"中的"执行"按钮，或利用快捷键"F5"，运行结果如图 2-33 所示。

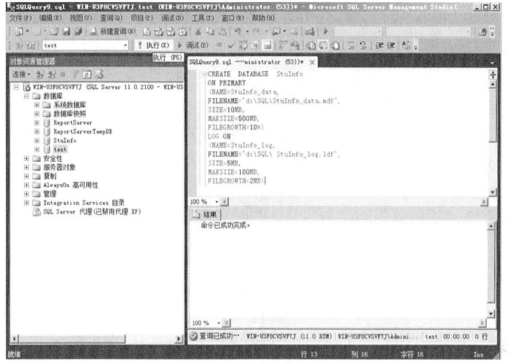

图 2-33   运行结果

（6）出现结果"命令已成功完成"，说明此程序已经执行完毕。可在相应文件夹下查询到数据库文件，如图 2-34 所示。

名称 ▲	类型	大小
StuInfo_log	SQL Server Database Transaction Log File	5,120 KB
StuInfo_data	SQL Server Database Primary Data File	10,240 KB

图 2-34   查询数据库文件

2.5   数据库的修改

在实际应用中，有时候需要对已有的数据库进行修改，例如重命名数据库、添加和删除数据文件和事务日志文件、收缩数据库等。

2.5.1   使用 SSMS 修改数据库

1．使用 SSMS 重命名数据库

【例 2-2】使用 SQL Server Management Studio 将数据库"StuInfo"重命名为"Student_Info"。

（1）启动 SQL Server Management Studio，连接服务器后，展开树状目录，右键单击数据库"StuInfo"，在弹出的快捷菜单中选择"重命名"命令，如图 2-35 所示。

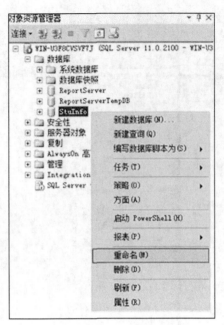

图 2-35　使用 SSMS 重命名数据库

（2）将数据库的名字直接修改成"Student_Info"。

2．使用 SSMS 添加和删除数据文件及事务日志文件

【例 2-3】使用 SQL Server Management Studio 添加和删除"StuInfo"数据库的数据文件及事务日志文件。

（1）启动 SQL Server Management Studio，连接服务器后，展开树状目录，右键单击数据库"StuInfo"，在弹出的快捷菜单中选择"属性"命令。

（2）打开数据库属性对话框，单击"选择页"列表框的"文件"选项，如图 2-36 所示。

图 2-36　数据库属性对话框

（3）单击"添加"按钮，添加数据或日志文件，并根据需求修改文件的逻辑名称、文件类型、文件组、初始大小、自动增长、最大、最小和路径等，修改完成后单击"确定"按钮，如图 2-37 所示。

图 2-37　数据库属性对话框

（4）根据需求，在"数据库文件"框中，选择要删除的文件，单击"删除"按钮，单击"确定"按钮完成操作。

3．使用 SSMS 收缩数据库

SQL Server 2012 允许用户通过收缩数据库把未使用的空间释放出来，数据文件及事务日志文件都能够缩小，可以手动收缩或者自动收缩数据库。

收缩后的数据库不能小于数据库的最小大小。最小大小是在数据库最初创建时指定的大小，或是上一次使用文件大小更改操作设置的显示大小。例如，如果数据库最初创建时的大小为 10 MB，后来增长到 100 MB，则该数据库最小只能收缩到 10 MB，即使已经删除数据库的所有数据也是如此。

【例 2-4】使用 SQL Server Management Studio 收缩数据库"StuInfo"。

（1）启动 SQL Server Management Studio，连接服务器后，展开树状目录，右键单击数据库"StuInfo"，在弹出的快捷菜单中选择"任务"→"收缩"→"数据库"命令，如图 2-38 所示。

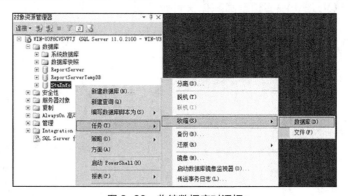

图 2-38　收缩数据库对话框

（2）打开"收缩数据库"对话框，可以选中"在释放未使用的空间前重新组织文件"。在打开对话框时，默认情况下不选择此选项。如果选择此选项，用户必须指定目标百分比选项。"收缩后文件中的最大可用空间"输入在数据库收缩后数据库文件中剩余可用空间的最大百分比，值可以介于 0 和 99 之间，如图 2-39 所示。

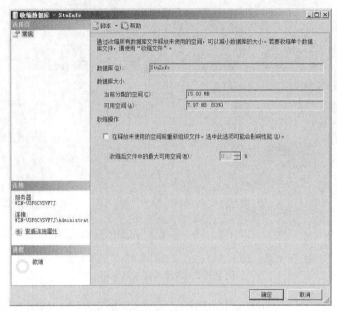

图 2-39　收缩数据库对话框

2.5.2　使用 T-SQL 语句修改数据库

1. 使用 T-SQL 语句重命名数据库

语法格式如下：

```
ALTER DATABASE 原数据库名
Modify Name = 新数据库名字 ;
```

【例 2-5】将 StuInfo 数据库名改成 Student。

```
USE master;
GO
ALTER DATABASE StuInfo
Modify Name = student ;
GO
```

2. 使用 T-SQL 语句添加和删除数据文件及事务日志文件

语法格式如下：

```
ALTER DATABASE database_name
{
  <add_or_modify_files> | <add_or_modify_filegroups>
}
```

其中：

```
<add_or_modify_files>::=
{
  ADD FILE <filespec> [ ,...n ]
    [ TO FILEGROUP { filegroup_name } ] | ADD LOG FILE <filespec> [ ,...n ] |
REMOVE FILE logical_file_name | MODIFY FILE <filespec>
```

```
}

<add_or_modify_filegroups>::=
{
    | ADD FILEGROUP filegroup_name
        [ CONTAINS FILESTREAM | CONTAINS MEMORY_OPTIMIZED_DATA ]
    | REMOVE FILEGROUP filegroup_name
    | MODIFY FILEGROUP filegroup_name
      { <filegroup_updatability_option>
      | DEFAULT
      | NAME = new_filegroup_name
      }
}
<filegroup_updatability_option>::=
{
  { READONLY | READWRITE }
  | { READ_ONLY | READ_WRITE }
}
```

【例 2-6】在 StuInfo 数据库中添加一个 test 数据库文件和一个 test 事务日志文件。

```
USE master;
GO
ALTER DATABASE StuInfo
ADD FILE
(
  NAME = test,
  FILENAME = 'D: \test.ndf',
  SIZE = 5MB,
  MAXSIZE = 100MB,
  FILEGROWTH = 5MB
)
ALTER DATABASE StuInfo
ADD LOG FILE
(
  NAME = StuInfo,
  FILENAME = 'D: \test.ldf',
  SIZE = 2MB,
  MAXSIZE = 50MB,
  FILEGROWTH = 3MB
)
GO
```

3．使用 T-SQL 语句收缩数据库

语法格式如下：

```
DBCC SHRINKDATABASE（数据库名，剩余空间比）
```

【例 2-7】减小 StuInfo 数据库中数据文件和日志文件的大小并允许数据库中有 10% 的可用空间。

```
DBCC SHRINKDATABASE (StuInfo, 10);
```

2.6 数据库的删除

对于不需要的数据库，可以将其删除，释放占用的磁盘空间。数据库被删除后，文件及其数据都从服务器上的磁盘删除，数据库将被永久删除。

2.6.1 使用 SSMS 删除数据库

【例 2-8】使用 SQL Server Management Studio 删除数据库 "StuInfo"。

（1）启动 SQL Server Management Studio，连接服务器后，展开树状目录，右键单击数据库 "StuInfo"，在弹出的快捷菜单中选择 "删除" 命令，如图 2-40 所示。

图 2-40 选择 "删除" 命令

（2）在 "删除对象" 对话框中，要求用户确认是否删除该数据库，单击 "确定" 按钮，该数据库将被删除，如图 2-41 所示。

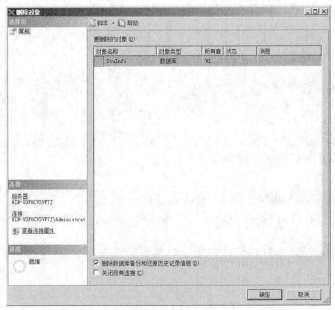

图 2-41 删除对话框

2.6.2 使用 T-SQL 语句删除数据库

语法格式如下：

```
DROP DATABASE 数据库名;
```

【例 2-9】删除 StuInfo 数据库。

```
USE master;
GO
DROP DATABASE  StuInfo;
GO
```

2.7　本章小结

● SQL Server 2012 和以前的版本相比更加具备可伸缩性、更加可靠以及前所未有的高性能。

● SQL Server Management Studio 简称 SSMS，用于访问、配置、控制、管理和开发 SQL Server 的所有组件。

● 系统数据库是在安装 SQL Server 2012 时由系统自动创建的数据库，包括 master 数据库、msdb 数据库、model 数据库、tempdb 数据库等。

● SQL Server 2012 数据库文件分为数据文件和日志文件。

● 数据库对象是数据库的组成部分，其中包括表（ Table ）、索引（ Index ）、视图（ View ）、图表（ Diagram ）、默认值（ Default ）、规则（ Rule ）、触发器（ Trigger ）、存储过程（ Stored Procedure ）、用户（ User ）等。

● 创建数据库的过程是为数据库确定名称、大小、存放位置、文件名和所在文件组的过程。

● 可以使用 SQL Server Management Studio 或者 CREATE DATABASE 语句创建数据库。

● 可以使用 SQL Server Management Studio 或者 ALTER DATABASE 语句修改数据库。

● 可以使用 SQL Server Management Studio 或者 DBCC SHRINKDATABASE 语句收缩数据库。

● 可以使用 SQL Server Management Studio 或者 DROP DATABASE 语句删除数据库。

2.8　实训项目一　创建学生管理数据库

2.8.1　实训目的

掌握创建数据库的方法，能按要求创建、修改数据库。

2.8.2　实训要求

1. 掌握数据库的连接
2. 能熟练使用 SSMS 创建数据库、修改数据库
3. 能使用 T-SQL 语句创建及修改数据库

2.8.3　实训内容及步骤

在 C:\data 子目录下创建学生管理数据库(StuInfo)，数据文件初始大小为 2MB，自动增长，每次增长 10%，事务日志文件初始大小为 3MB，自动增长，每次增长 1MB。

1. 利用光盘，安装 SQL Server 2012
2. 利用本地账户登录数据库
3. 使用 SQL Server Management Studio 创建学生管理数据库(StuInfo)
4. 使用 SQL Server Management Studio 删除学生管理数据库(StuInfo)
5. 使用 T-SQL 语句创建学生管理数据库(StuInfo)
6. 使用 T-SQL 语句删除学生管理数据库(StuInfo)

2.9 课后习题

1. 创建数据库的命令是什么？
2. 删除数据库的命令是什么？
3. 修改数据库名的命令是什么？
4. SQL Server 2012 数据库有哪几种类型的文件？
5. 简述如何使用 SQL Server Management Studio 创建、删除和修改数据库。
6. 将事务日志文件和数据文件分开存放有什么好处？
7. 事务日志文件的大小一般为数据文件大小的多少合适？

PART 3

第 3 章
创建和管理表

教学提示

本章主要介绍了各种数据类型的特点和基本用法以及表的创建和管理。当定义表的字段、声明程序中的变量时，都需要设置数据类型，不同的数据类型直接决定着数据在物理上的存储方式、存储大小、访问速度等，对表结构的设计至关重要。

表是最重要的数据库对象，是数据存储的地方。其结构由行和列组成，创建表的过程就是定义表列的过程，也就是定义表结构的过程。

教学目标

- 了解系统数据类型
- 能够熟练掌握使用 SSMS 和 T-SQL 创建表
- 能够熟练掌握使用 SSMS 和 T-SQL 设置表的主键、外键等约束
- 能够根据功能需求使用 SSMS 和 T-SQL 对表进行添加、更新和删除数据操作
- 通过规范性的数据操作，培养严谨的科学态度

3.1 系统数据类型

在对数据库及其对象等进行操作时，经常用到各种数据，并为其指派一种数据类型。本节将介绍 SQL Server 中常用的一些数据类型，包括字符数据类型、精确数值数据类型、近似数值数据类型、日期和时间数据类型、二进制数据类型和其他系统数据类型。

3.1.1 字符数据类型

字符数据类型包括 char、varchar、nchar、nvarchar、text、ntext，用于储存字符数据。

Char 和 varchar 类型的主要区别是数据填充。char 是定长字符数据类型，其长度最多为 8KB，默认为 1KB。当表中的列定义为 char(n)类型时，如果实际要存储的字符串长度不足 n，则在字符串尾部添加空格，以达到长度 n，所以其数据存储长度为 n 字节。

Varchar 是变长字符串数据类型，其长度不超过 8KB。当表中的列定义为 varchar(n)类型时，n 表示的是字符串可达到的最大长度，varchar(n)的长度是输入的字符串的实际字符个数，即不一定是 n。

当列中的字符串数据长度变化不大时，例如姓名、学号等，此时可用 char；当列中的字符串数据长度变化较大时，例如地址、书名等，应当使用 varchar，因为这样可以节省存储空间。

Nchar 和 nvarchar 数据类型的工作方式与对等的 char 和 varchar 数据类型相同，但

这两种数据类型可处理国际性的 Unicode 字符。

对于 text 和 ntext 数据类型，text 数据类型用于在数据页内外存储大型字符数据。可在单行的列中存储 2GB 数据，而且可能影响性能，因此应尽量少用这两种数据类型。最好使用 varchar(max)和 nvarchar(max)数据类型。

表 3-1 中列出了字符数据类型，并简单描述其所要求的存储空间。

表 3-1 字符串数据类型

数据类型	描述	存储空间
Char(n)	n 为 1~8000 字符	n 字节
Nchar(n)	n 为 1~4000Unicode 字符	(2n 字节)+2 字节额外开销
ntext	最多为 $2^{30}-1$(1 073 741 823)Unicode 字符	每字符 2 字节
nvarchar(max)	最多为 $2^{30}-1$(1 073 741 823)Unicode 字符	2×字符数+2 字节额外开销
text	最多为 $2^{31}-1$(2 147 483 647)字符	每字符 1 字节
varchar(n)	n 为 1~8000 字符	每字符 1 字节+2 字节额外开销
varchar(max)	最多为 $2^{31}-1$(2 147 483 647)字符	每字符 1 字节+2 字节额外开销

3.1.2 精确数值数据类型

数据类型只包含数字，例如正数和负数、小数和整数，数值类型包括 bit、tinyint、smallint、int、bigint、numeric、decimal 和 money，用于存储不同类型的数值。其中，bit 只存储 0 或 1，在大多数应用程序中被转换为 true 和 flase。Bit 数据类型非常适合用于开关标记，且只占一个字节。

表 3-2 中列出了常见的数值数据类型。

表 3-2 数值数据类型

数据类型	描述	存储空间
bit	0、1 或 NULL	1 字节（8 位）
tinyint	0~255 的整数	1 字节
smallint	−32 768~32 767 的整数	2 字节
int	−2 147 483 648~2 147 483 647 的整数	4 字节
bigint	−9 223 372 036 854 775 808~9 223 372 036 854 775 807 的整数	8 字节
numeric(p,s)或 decimal(p,s)	−1 038+1~1 038−1 的数值	最多 17 字节
money	−922 337 203 685 477.580 8~922 337 203 685 477.580 7	8 字节
smallmoney	−214 748.3648~214 748.3647	4 字节

Numeric 和 decimal 数据类型可存储小数点右边或左边的变长位数。Scale 是小数点右边的

位数。精度(Precision)定义了总位数，包括小数点右边的位数。例如，13.53819 可为 numeric(7,5) 或 decimal(7,5)。

3.1.3 近似数值数据类型

主要以 float 和 real 数据类型表示浮点数据。由于为近似值，不能精确地表示所有值。

Float 的存储长度取决于 float(n) 中 n 的值，n 为用于存储 float 数值尾数的位数，以科学计数法表示，因此可以确定精度和存储大小。如果指定了 n，则它必须是介于 1 至 53 之间的某个值。n 的默认值为 53。

Real 类型与 float 类型一样存储 4 个字节，取值范围与 float 稍有不同。表 3-3 列出了近似数值数据类型，并对其进行简单描述。

表 3-3　　　　　　　　　　　　　　近似数值数据类型

数据类型	描述	存储空间
float[(n)]	$-1.79E+308 \sim -2.23E-308, 0, 2.23E-308 \sim 1.79E+308$	n<=24-4 字节 n>24-8 字节
real()	$-3.40E+38 \sim -1.18E-38, 0, 1.18E-38 \sim 3.40E+38$	4 字节

3.1.4 二进制数据类型

二进制数据类型 varbinary、binary、varbinary(max) 或 image 等用于存储二进制数据，比如声音、图片、多媒体等。Image 数据类型可在数据页外部存储最多 2GB 的文件，其首选替代数据类型是 varbinary(max)，可保存二进制数据，性能通常比 image 数据类型好。SQL Server 的新功能是可在操作系统文件中通过 File Stream 存储选项存储 varbinary(max) 对象。此选项将数据存储为文件，同时不受 varbinary(max)2GB 大小的限制。表 3-4 列出了二进制数据类型及其简单描述。

表 3-4　　　　　　　　　　　　　　二进制数据类型

数据类型	描述	存储空间
Binary(n)	n 为 1 ~8000 十六进制数字	n 字节
Image	最多为 $2^{31}-1$（2 147 483 647）十六进制数字	每字符 1 字节
Varbinary(n)	n 为 1 ~8000 十六进制数字	每字符 1 字节+2 字节额外开销
Varbinary(max)	最多为 $2^{31}-1$（2 147 483 647）十六进制数字	每字符 1 字节+2 字节额外开销

3.1.5 日期和时间数据类型

日期和时间数据类型用于存储日期和时间信息，包括 datetime 和 smalldatetime 两种类型。前者为 8 字节，存储 1753 年 1 月 1 日至 9999 年 12 月 31 日的时间，且精确到最近的 3.33 毫秒。后者为 4 字节，存储 1900 年 1 月 1 日至 2079 年 12 月 31 日的时间，且只精确到最近的分钟。

SQL Server 中常用的日期和时间表示格式如下：

- 分隔符用 '/'、'-' 或 '.'，例如 '7/10/2014'、'7-10-14'、'7.10.2014'；
- 字母日期格式：'July 10, 2014'；
- 不用分隔符：'20140710'；
- 时:分:秒:毫秒：10:28:43:09；

● 时:分 AM/PM：10:28AM。

表 3-5 列出了日期和时间数据类型及其简单描述。

表 3-5	日期和时间数据类型	
数据类型	描述	存储空间
Date	9999 年 1 月 1 日至 12 月 31 日	3 字节
Datetime	1753 年 1 月 1 日至 9999 年 12 月 31 日，精确到最近的 3.33 毫秒	8 字节
Datetime2(n)	9999 年 1 月 1 日至 12 月 31 日 0~7 的 n 指定小数秒	6~8 字节
Datetimeoffset(n)	9999 年 1 月 1 日至 12 月 31 日 0~7 的 n 指定小数秒+/-偏移量	8~10 字节
SmalldateTime	1900 年 1 月 1 日至 2079 年 6 月 6 日，精确到 1 分钟	4 字节
Time(n)	小时：分钟：秒 9999999 0~7 的 n 指定小数秒	3~5 字节

3.1.6 Unicode 字符串数据类型

Unicode 是"统一字符编码标准"，用于支持国际上非英语种的字符数据的存储和处理。Unicode 字符串是为了在数据库中容纳多种语言存储数据而制定的数据类型。支持国际化客户端的数据库应始终使用 Unicode 数据，其所占用的存储大小是使用非 Unicode 数据类型所占用的存储大小的 2 倍。

3.1.7 其他数据类型

其他数据类型包括：cursor、timestamp、hierarchyid、uniqueidentifier、sql_variant、xml、table 七种。其中，timestamp 数据类型提供数据库范围内的唯一值。Uniqueidentifier 数据类型存储一个 16 位的十六进制数。sql_variant 数据类型可以存储除文本、图形数据和 timestamp 数据类型外其他任何合法的 SQL Server 数据。Table 数据类型用于存储对表或视图处理后的结果集。

3.2 创建表结构

表是由数据记录按照一定的顺序和格式构成的数据集合，包含数据库中所有数据的数据库对象。表中的每一行代表唯一的一条记录，每一列代表记录中的一个域。

3.2.1 表的构成

在 SQL Server 中，表是一种很重要的数据库对象，是组成数据库的基本元素，用于存储实体集和实体之间关系的数据。表主要由列和行构成，每一列用来保存关系的属性，也称为字段。每一行用来保存关系的元组，也称为数据行或记录。

表本身还存在着一些数据库对象，如图 3-1 所示。

● 列(Column)：属性列，用户必须指定列名和数据类型。

● 主键(PK)：表中列名或列名组合，可以唯一地标识表中的一行，确保数据的唯一性。

● 外键(FK)：用于建立和加强两个表之间数据的相关性。

● 约束(Check)：用一个逻辑表达式限制用户输入的列值在指定的范围。

● 触发器(Trigger)：是一个用户定义的事务命令的集合。

● 索引(Index)：根据指定表的某些列建立起来的顺序，提供快速访问数据的途径。

图 3-1　表中的数据库对象

3.2.2　使用 SSMS 创建数据表结构

使用 Management Studio 图形化工具创建表的步骤如下。

（1）打开 SQL Server Management Studio(SSMS)，连接到数据库服务器。

（2）展开"对象资源管理器"中所需的"数据库"节点，如图 3-2 所示。

（3）右键单击"表"节点，从快捷菜单中选择"新建表"命令，会弹出定义数据表结构对话框，如图 3-3 所示。其中，每一行用于定义数据表的一个字段，包括字段名、数据类型及长度、字段是否为空等。

（4）单击"属性窗口"按钮，在显示的"属性"标签页中"名称"一栏输入表的名称。

（5）将数据表中的各列定义完毕后，单击工具栏中的保存按钮，完成创建表的过程。

图 3-2　对象资源管理器

图 3-3　图形化创建表界面

【例 3-1】使用 Management Studio 图形化工具在 StuInfo 数据库中创建 Student 表。Student 表的结构如表 3-6 所示。

表 3-6　　　　　　　　　　　　Student 表的结构

列名称	数据类型及长度	是否允许为空	说明
学号	Char(8)	否	主键
姓名	Char(10)	否	
性别	Char(2)	是	
出生日期	Datetime	是	
民族	Varchar (10)	是	
政治面貌	Varchar(10)	是	
所学专业	Varchar (20)	是	
家庭住址	Varchar(60)	是	
邮政编码	Nvarchar(12)	是	
联系电话	Varchar(16)	是	

下面使用 Management Studio 图形化工具创建 Student 表。

（1）打开 SQL Server Management Studio(SSMS)，连接到数据库服务器。

（2）展开 StuInfo 数据库节点。

（3）右键单击"表"节点，从快捷菜单中选择"新建表"命令，屏幕显示如图 3-4 所示。

（4）在"属性"标签页中"名称"一栏输入表的名称 Student。

（5）根据设计好的表结构在"列名"一栏输入对应的列名，在"数据类型"下拉菜单中选择相应的数据类型，在"允许空"一栏中确定该列是否为空，结果如图 3-5 所示。

（6）填写完所有列后，单击工具栏中的保存按钮，完成 Student 表的创建。

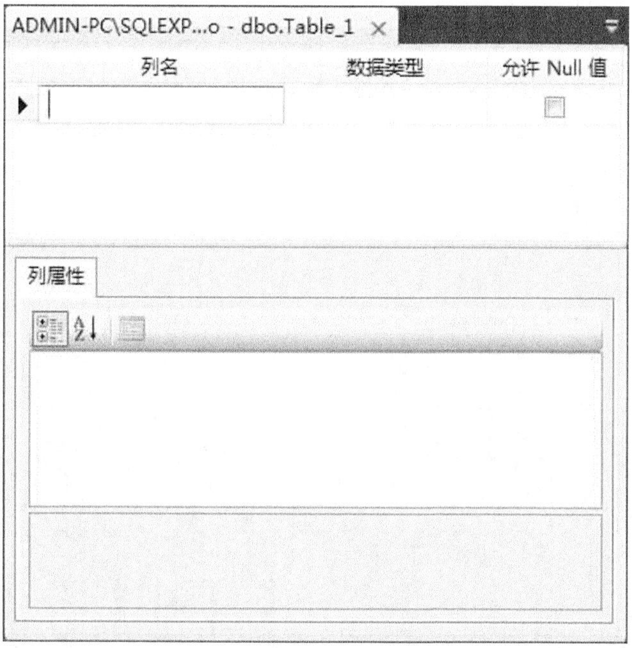

图 3-4　创建表

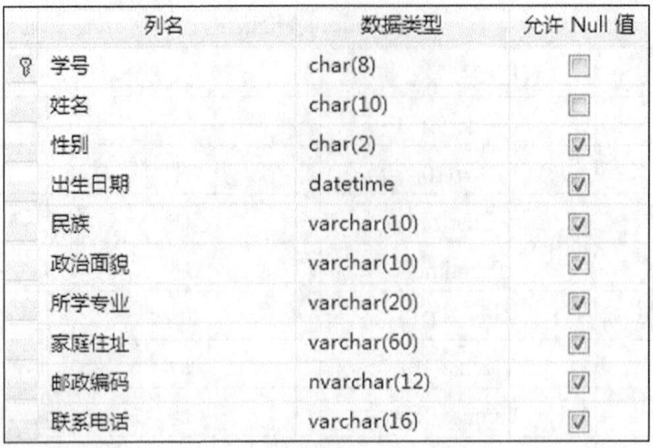

图 3-5　图像化工具创建表结构

3.2.3　使用 T-SQL 语句创建数据表结构

在命令行方式下，可以使用 CREATE TABLE 语句创建数据表，其基本语法格式为：

```
CREATE TABLE <表名>
(列名 列的属性 [,…n])
```

其中，列的属性包括列的数据类型、是否为空、列的约束等。

【例 3-2】使用 T-SQL 语句在 StuInfo 数据库中创建 Course 表。Course 表的结构如表 3-7 所示。

表 3-7　　　　　　　　　　　　　　　　Course 表的结构

列名称	数据类型及长度	是否允许为空	说明
课程号	Char(8)	否	主键
课程名	Char(10)	否	
任课教师	Char(10)	是	
学时	Int	是	
学分	Int	是	
课程类型	Varchar(10)	是	

操作步骤如下。

（1）打开 SQL Server Management Studio(SSMS)，连接到数据库服务器。

（2）单击"新建查询"按钮，进入命令行方式。

（3）输入以下 T-SQL 语句。

```
USE StuInfo
GO
--创建课程表 Course
CREATE TABLE Course
(课程号 Char(8) NOT NULL,
课程名 Char(10) NOT NULL,
任课教师 Char(10) NULL,
学时 Int NULL,
学分 Int NULL,
课程类型 Varchar(10) NULL,
)
```

单击"运行 ⚡"按钮，完成 Course 表的创建。

【例 3-3】使用 T-SQL 语句在 StuInfo 数据库中创建 Score 表。Score 表的结构如表 3-8 所示。

表 3-8   Score 表的结构

列名称	数据类型及长度	是否允许为空	说明
学号	Char(8)	否	主键
课程号	Char(8)	否	主键
成绩	Numeric(5,1)	是	

操作步骤如下。

（1）打开 SQL Server Management Studio(SSMS)，连接到数据库服务器。

（2）单击"新建查询"按钮，进入命令行方式。

（3）输入以下 T-SQL 语句。

```
USE StuInfo
GO
--创建成绩表 Score
CREATE TABLE Score
(学号 Char(8) NOT NULL,
课程号 Char(8) NOT NULL,
成绩 Numeric(5,1) NULL,
)
GO
```

（4）单击"运行 ⚡"按钮，完成 Score 表的创建。

3.2.4 表的约束

约束定义了关于允许什么数据进入数据库的规则。使用约束可以防止列出现非法数据，以保证数据库中数据的一致性和完整性。

在 SQL Server 中，有以下类型的约束。

1. 主键(PRIMARY KEY)约束

如果表中一列或多列的组合的值能唯一标识这个表的每一行，则这个列或列的组合可以作为表的主键。当创建或修改表时，可以通过定义主键约束来创建表的主键。一旦创建主键约束，SQL Server 将自动为主键所在的列创建唯一性索引，以确保数据的唯一性。

【例 3-4】使用 Management Studio 图形化工具在 StuInfo 数据库中为 Student 表的"学号"列创建主键约束，以保证不会出现学号相同的学生。

操作步骤如下。

（1）打开 SQL Server Management Studio(SSMS)，连接到数据库服务器。

（2）展开"数据库"节点，展开"StuInfo"数据库节点，展开"表"节点。

（3）右键单击"Student"节点，在弹出的菜单中选择"设计"命令。

（4）右键单击"学号"单元格，在弹出的快捷菜单中选择"设置主键"命令，此时可以看到"学号"这一列出现一个钥匙标记，表示这一列已被设为主键。

除此之外，还可以使用 T-SQL 语句创建主键约束，其语法格式如下。

```
USE StuInfo
GO
```

```
ALTER TABLE Student
    ADD CONSTRAINT pk_StudentNo PRIMARY KEY（学号）
GO
```

【例3-5】使用 T-SQL 语句为 Course 表的"课程号"列创建主键约束，以确保不会出现相同课程号的课程。

操作步骤如下。

（1）打开 SQL Server Management Studio(SSMS)，连接到数据库服务器。

（2）单击"新建查询"按钮，进入命令行方式。

（3）输入以下 T-SQL 语句。

```
USE StuInfo
GO
ALTER TABLE Course
    ADD CONSTRAINT pk_CourseNo PRIMARY KEY（课程号）
GO
```

（4）单击"运行 ▮"按钮，完成主键约束的创建。

2．外键(FOREIGN KEY)约束

外键约束用于建立和加强两个表之间数据的相关性，限制外键的取值必须是主表的主键值。可以将表中主键值的一列或多列添加到另一张表中，创建两张表之间的链接。这些列就成为第二张表的外键。系统会保证从外键上的取值是主表中某一个主键值或唯一键值，或者取空值。

【例3-6】使用对象资源管理器在 StuInfo 数据库中为 Score 表创建名为 FK_Score_Student 的外键约束，该约束限制"学号"列的数据只能是 Student 表"学号"列中存在的数据。

操作步骤如下。

（1）在对象资源管理器中依次展开"数据库"、"StuInfo 数据"、"表"，选择 Score 表，右键单击，在弹出快捷菜单中选"设计"命令。

（2）选中要作为表的外键约束的列，右键单击并在弹出快捷菜单中选择"关系"命令，如图 3-6 所示。

（3）选择"关系"命令后，在出现的窗口中单击"添加"按钮，出现如图 3-7 所示的窗口。

（4）选择"表和列规范"选项，然后单击右边的"…"按钮，出现如图 3-8 所示的窗口。

（5）将默认生成的关系名改为"FK_Score_Student"，在外键表选择"学号"字段，主键表选择"Student"表及"学号"字段。

（6）单击"确定"按钮，完成外键的创建。

图3-6 执行表的"关系"操作

图 3-7 外键关系

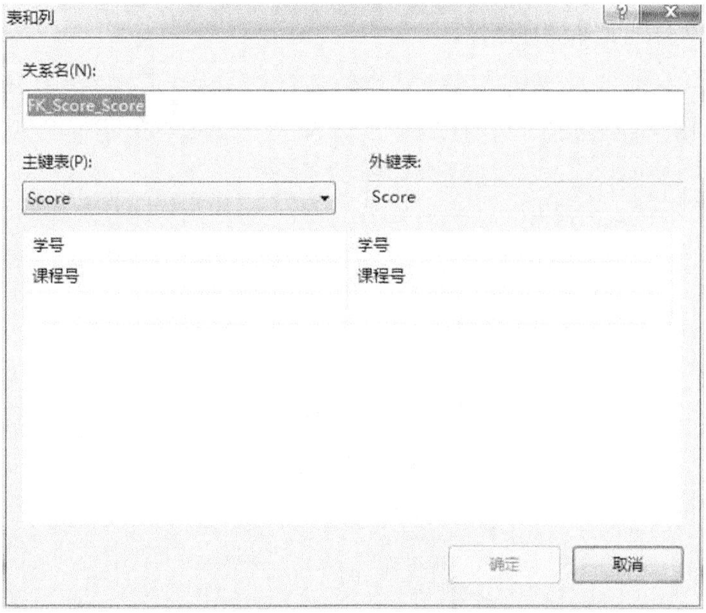

图 3-8 设置外键的表和列

除此之外，还可以使用 T-SQL 语句创建外键约束，其语法格式如下。

```
ALTER TABLE 表名
ADD CONSTRAINT 外键约束名 FOREIGN KEY （列名）
REFERENCES 主表名(列名)
```

【例 3-7】使用 T-SQL 语句在 StuInfo 数据库中为 Score 表创建名为 FK_Score_ Course 的外键约束，该约束限制"课程号"列的数据只能是 Course 表"课程号"列中存在的数据。

操作步骤如下。

（1）打开 SQL Server Management Studio(SSMS)，连接到数据库服务器。

（2）单击"新建查询"按钮，进入命令行方式。

（3）输入以下 T-SQL 语句。

```
USE StuInfo
GO
ALTER TABLE Score
    ADD CONSTRAINT FK_Score_ Course FOREIGN KEY（课程号）
    REFERENCES Course（课程号）
GO
```

（4）单击"运行 ▮"按钮，完成外键约束的创建。

3．唯一值(UNIQUE)约束

使用唯一值约束可以确保表中每条记录的某些字段不会重复。

【例 3-8】 使用对象资源管理器在 StuInfo 数据库中为 Student 表创建名为 IX_StudentName 的唯一值约束，以保证"姓名"列的值不重复。

操作步骤如下。

（1）在对象资源管理器中依次展开"数据库"、"StuInfo 数据"、"表"，选择 Student 表，右键单击，在弹出快捷菜单中选"设计"命令。

（2）选中要作为唯一值约束的列，右键单击并在弹出快捷菜单中选择"索引/键"命令，单击"添加"按钮，如图 3-9 所示。将类型设为"唯一键"，列设置为"姓名"，并将默认的约束名改为 IX_StudentName。

（3）单击"关闭"按钮完成创建。

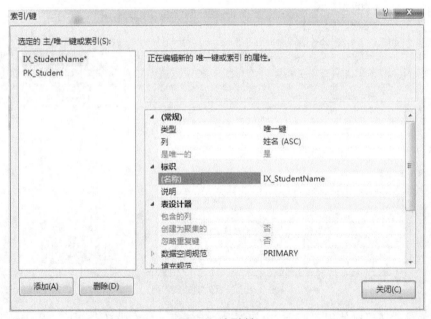

图 3-9　索引/键

除此之外，还可以使用 T-SQL 语句创建唯一值约束，其语句如下。

```
USE StuInfo
GO
ALTER TABLE Student
ADD CONSTRAINT IX_StudentName UNIQUE(姓名)
GO
```

4．检查性(CHECK)约束

检查性约束通过限制列允许存放的数据值来实现域的完整性，使用一个逻辑表达式来判断列中的数值是否合法。

【例 3-9】在 StuInfo 数据库中限定 Student 表的"所学专业"这一列，只能从"软件技术"、"动漫设计"、"网络技术"及"会计"4 个专业名称中选一个，不能输入其他名称。

操作步骤如下。

（1）在对象资源管理器中依次展开"数据库"、"StuInfo 数据"、"表"，选择 Student 表，右键单击在弹出快捷菜单中选"设计"命令。

（2）右键单击"所学专业"列并从弹出的菜单中选择"CHECK 约束"选项，单击"添加"按钮，如图 3-10 所示。将默认的约束名改为"CK_StudentDep"，在"常规"下的"表达式"输入框中输入"所学专业='软件技术' or 所学专业='动漫设计' or 所学专业='网络技术' or 所学专业='会计'"。

（3）单击"关闭"按钮完成核查约束创建。

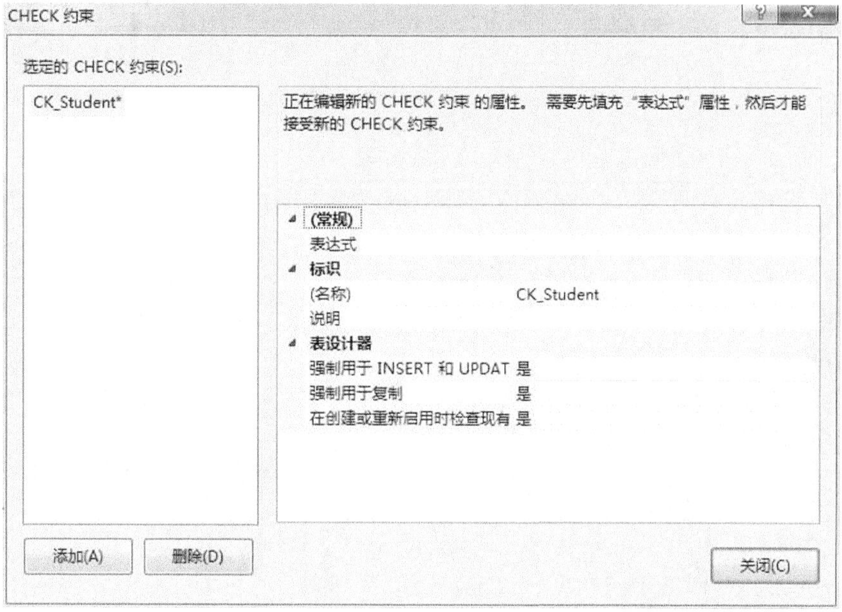

图 3-10　CHECK 约束

除此之外，还可以使用 T-SQL 语句创建核查约束，其语句如下。

```
USE StuInfo
GO
ALTER TABLE Student
ADD CONSTRAINT CK_StudentDep CHECK(所学专业='软件技术' or 所学专业='动漫设计' or 所学专业='网络技术' or 所学专业='会计')
GO
```

3.3　修改表结构

由于应用环境和应用需求的变化，可能要修改基本表的结构，比如增加新列和完整性约束、修改原有的列定义和完整性约束等。

3.3.1　使用 SSMS 修改表结构

用 Management Studio 图形化工具修改数据表的结构，可按下列步骤进行操作。

（1）在 Management Studio 图形化工具中的"对象资源管理器"窗口中，展开"数据库"节点。

（2）右键单击要修改的数据表，从快捷菜单中选择"设计"命令，弹出如图 3-11 所示的修改数据表结构对话框。可以在此对话框中修改列的数据类型、名称等属性，添加或删除列，也可以指定表的主关键字约束。

（3）修改完毕后，单击工具栏中的"保存"按钮，存盘退出。

列名	数据类型	允许 Null 值
学号	char(8)	☐
姓名	char(10)	☐
性别	char(2)	☑
出生日期	datetime	☑
民族	varchar(10)	☑
政治面貌	varchar(10)	☑
所学专业	varchar(20)	☑
家庭住址	varchar(60)	☑
邮政编码	nvarchar(12)	☑
联系电话	varchar(16)	☑

图 3-11　修改数据表结构对话框

3.3.2　使用 T-SQL 语句修改表结构

SQL Server 使用 ALTER TABLE 命令来完成这一功能，有如下三种方式。

1. ADD 方式

ADD 方式用于增加新列和完整性约束，定义方式与 CREATE TABLE 语句中的定义方式相同，其语法格式为：

```
ALTER TABLE <表名>
ADD<列定义>|<完整性约束定义>
```

【例 3-10】使用 T-SQL 语句给 StuInfo 数据库的 Student 表增加一列，列名为"所在系部"，数据类型为"VarChar(20)"。

在查询窗口输入以下 T-SQL 语句并运行。

```
USE StuInfo
GO
ALTER TABLE Student
ADD 所在系部 VarChar(20)
GO
```

2. ALTER 方式

ALTER 方式用于修改某列，其语法格式为：

```
ALTER TABLE <表名>
ALTER COLUMN <列名> <数据类型> [NULL|NOT NULL]
```

【例 3-11】使用 T-SQL 语句将 StuInfo 数据库的 Student 表 "所在系部"字段的数据类型及长度由 VarChar(20)改变为 Char(30)。

在查询窗口输入以下 T-SQL 语句并运行。

```
USE StuInfo
GO
ALTER TABLE Student
ALTER COLUMN 所在系部 VarChar(20)
GO
```

3. DROP 方式

DROP 方式只用于删除完整性约束定义，其语法格式为：

```
ALTER TABLE <表名>
DROP CONSTRAINT <约束名>
```

【例 3-12】使用 T-SQL 语句删除 StuInfo 数据库中 Student 表中列名为"所在系部"的列。

```
USE StuInfo
GO
ALTER TABLE Student
DROP COLUMN 所在系部
GO
```

3.4 向表中输入数据

SSMS 提供以编辑的方式向已经定义好的表中添加、修改和删除数据。

3.4.1 使用 SSMS 向表中输入数据

使用 SSMS 图形化工具向表中插入数据的步骤如下。

（1）打开 SSMS，连接到数据库服务器。

（2）展开数据库节点，展开 StuInfo 数据库节点。

（3）展开表节点，右键单击需插入数据的表，在弹出的快捷菜单中选择"打开表"命令。

（4）将数据输入列表框内，输入完毕后关闭窗口，输入的数据将保存在表中。

【例 3-13】将表 3-9~表 3-11 的数据通过 SSMS 图形化工具分别添加到 StuInfo 数据库的 Student、Course 及 Score 三张表中。

表 3-9 　　　　　　　　　　　　Student（学生）表数据

学号	姓名	性别	出生日期	民族	政治面貌	所学专业	家庭住址	邮政编码	联系电话
211	王红	女	1990-3-1	汉	群众	软件技术	营口道 9 号	300170	28283344
212	刘军	男	1990-5-7	汉	团员	软件技术	光荣道 36 号	300050	65627879
321	闵娜娜	女	1991-1-8	回	团员	动漫设计	民权门 12 号	300020	56573456
322	李明军	男	1990-8-13	汉	群众	动漫设计	王串场 6 号	300023	26232231
323	郝丽君	女	1991-10-2	回	团员	动漫设计	民权门 8 号	300232	56345612
431	祁鹏	男	1990-3-12	汉	团员	网络技术	大桥道 12 号	300175	24233349
432	张建国	男	1991-2-19	汉	群众	网络技术	王串场 13 号	300023	26282434
433	韩强民	男	1990-12-6	汉	团员	网络技术	民权门 18 号	300232	56571234
541	王芳	女	1991-5-23	汉	群众	会计	营口道 13 号	300170	28290036
542	刘萍	女	1990-4-9	汉	团员	会计	闽侯路 28 号	300052	27349810

表 3-10 　　　　　　　　　　　Course（课程）表数据

课程号	课程名	任课教师	学时	学分	课程类型
1	数据库	王俊红	60	4	必修
2	网页	章霞	48	3	必修
3	英语	高建军	90	5	必修
4	Java 语言	黄娜非	24	2	必修
5	思想品德	田巧巧	24	2	必修
6	体育	郝铭铭	30	2	必修
7	美术史	祁萧萧	24	2	选修
8	围棋	徐栋	24	2	选修

表 3-11 　　　　　　　　　　　Score（成绩）表数据

学号	课程号	成绩
211	1	89
211	2	78
211	4	67
212	1	77
212	2	60
212	4	95
321	3	66
322	3	78
323	3	86
431	4	88
432	4	60
433	4	70

（1）打开 SSMS，连接到数据库服务器。

（2）展开数据库节点，展开 StuInfo 数据库节点。

（3）右键单击 Student 表，在弹出的快捷菜单中选择"编辑"命令。

（4）将数据依次输入列表框内，输入完毕后关闭窗口，输入的数据将保存在 Student 表中，如图 3-12 所示。

（5）参考上述操作，完成 Course、Score 表的输入。

学号	姓名	性别	出生日期	民族	政治面貌	所学专业	家庭住址	邮政编码	联系电话
211	王红	女	1990-03-01 0...	汉	群众	软件技术	营口道9号	300170	28283344
212	刘军	男	1990-05-07 0...	汉	团员	软件技术	光荣道36号	300050	65627879
321	闵娜娜	女	1991-01-08 0...	回	团员	动漫设计	民权门12号	300020	56573456
322	李明军	男	1990-08-13 0...	汉	群众	动漫设计	王串场6号	300023	26232231
323	郝丽君	男	1991-10-02 0...	汉	团员	动漫设计	民权门8号	300232	56345612
431	祁鹏	男	1990-03-12 0...	汉	团员	网络技术	大桥道12号	300175	24233349
432	张建国	男	1991-02-19 0...	汉	群众	网络技术	王串场13号	300023	26282434
433	薛强民	男	1990-12-06 0...	汉	团员	网络技术	民权门18号	300232	56571234
541	王芳	女	1991-05-23 0...	汉	群众	会计	营口道13号	300170	28290036
542	刘萍	女	1990-04-09 0...	汉	团员	会计	闽侯路28号	300052	27349810
NULL	NULL	NULL	NULL	NULL	NULL	NULL	NULL	NULL	NULL

图 3-12　Student（学生）数据表

3.4.2 使用 T-SQL 语句向表中输入数据

在命令行方式下，可以使用 INSERT、SELECT INTO 语句向表插入数据。

INSERT 语句的基本语法格式为：

```
INSERT [INTO] 目标表名
    [(字段列表)]
        {VALUES ({DEFAULT|NULL|表达式}[,...n])|执行语句}
```

```
说明
● 目标表名：用来接收数据的表或 table 变量的名称。
● VALUES：要插入的数据值列表。
```

【例 3-14】在命令行方式下使用 INSERT 语句向 Student 表插入一条记录。

在查询窗口输入以下 SQL 语句并运行。

```
USE StuInfo
GO
INSERT INTO Student(编号,姓名,性别)
VALUES('543','韩梅梅','女')
GO
```

使用 SELECT INTO 语句，允许用户定义一张新表，并且把 SELECT 的数据插入新表中。
SELECT INTO 语句的基本语法格式为：

```
SELECT 新表的字段列表
    INTO 新表名称
        FROM 原表名称 WHERE 逻辑条件表达式
```

【例 3-15】在命令行方式下使用 SELECT INTO 语句生成一张新表，新表名称为"女学生"，数据来源于 Student 表中所有性别为"女"的编号、姓名、性别等字段。

在查询窗口输入以下 SQL 语句并运行。

```
USE StuInfo
GO
SELECT 编号,姓名,性别
INTO 女学生
FROM Student WHERE 性别='女'
GO
```

3.5 修改表中数据

3.5.1 使用 SSMS 修改表中数据

使用 SSMS 图形化工具修改表中数据的步骤如下。

（1）打开 SSMS，连接到数据库服务器。

（2）展开数据库节点，展开 StuInfo 数据库节点。

（3）展开表节点，右键单击需插入数据的表，在弹出的快捷菜单中选择"打开"命令。

（4）将光标定位到需修改数据的栏目，对数据直接进行修改。

（5）数据修改完毕，关闭窗口，数据将保存在表中。

3.5.2 使用 T-SQL 语句修改表中数据

在命令行方式下，使用 UPDATE 语句修改表中的数据。UPDATE 语句的基本语法格式为：

```
UPDATE 目标表名
    SET{列名={表达式|DEFAULT|NULL}[,...n]}
```

```
{[FROM {<源表名>}[,…n]]}
    [WHERE<搜索条件>]
```

【例 3-16】在命令行方式下使用 UPDATE 语句将表 Student 中编号为"543"记录的电话改为 27380918。

在查询窗口输入以下 SQL 语句并运行。

```
USE StuInfo
GO
UPDATE Student
    SET 电话='27380918'
    WHERE 编号='543'

GO
```

3.6 删除表中数据

3.6.1 使用 SSMS 删除表中数据

使用 SSMS 图形化工具删除表中数据的步骤如下。

（1）打开 SSMS，连接到数据库服务器。

（2）展开数据库节点，展开 StuInfo 数据库节点。

（3）展开表节点，右键单击需插入数据的表，在弹出的快捷菜单中选择"打开"命令。

（4）将光标移到表内容窗口左边的行首，选择需要删除的记录。

（5）按 Delete 键，完成记录的删除。

3.6.2 使用 T-SQL 语句删除表中数据

在命令行方式下，使用 DELETE 语句删除表中的数据。DELETE 语句的基本语法格式为：

```
DELETE [FROM] 目标表名
    [FROM 源表名]
    [WHERE {<搜索条件>}]
```

【例 3-17】在命令行方式下使用 DELETE 语句删除表 Student 中出生日期为 1991 年 1 月 1 日以后的学生记录。

在查询窗口输入以下 SQL 语句并运行。

```
USE StuInfo
GO
DELETE Student where 出生日期>'1991-01-01'
GO
```

【例 3-18】在命令行方式下使用 DELETE 语句删除表 Score 中学号为"211"的同学所有 80 分以下的成绩记录。

在查询窗口输入以下 SQL 语句并运行。

```
USE StuInfo
GO
DELETE Score
  FROM Score
  WHERE Score.成绩<80AND Score.学号='211'
GO
```

3.7　删除数据表

3.7.1　使用 SSMS 删除数据表

使用 SSMS 图形化工具删除数据表的步骤如下。

（1）打开 SSMS，连接到数据库服务器。

（2）展开数据库节点，展开 StuInfo 数据库节点。

（3）展开表节点，右键单击要删除的表对象，在弹出的快捷菜单中选择"删除"命令。

【例 3-19】使用 SSMS 图形化工具删除 StuInfo 数据库中的 Student 表。

（1）打开 SSMS，连接到数据库服务器。

（2）展开数据库节点，展开 StuInfo 数据库节点。

（3）展开表节点，右键单击"dbo.Student"对象，在弹出的快捷菜单中选择"删除"命令，则 StuInfo 数据库中 Student 表即被删除。

3.7.2　使用 T-SQL 语句删除数据表

【例 3-20】使用命令行方式删除 StuInfo 数据库中的 Score 表。

```
USE StuInfo
GO
DROP TABLE Score
GO
```

3.8　查询表中数据

3.8.1　使用 SSMS 查询表中数据

使用 SSMS 查询表中数据的方法步骤与使用 SSMS 向表中输入数据和修改表中数据的方法步骤类似，其具体的操作步骤如下。

（1）打开 SSMS，连接到数据库服务器。

（2）展开数据库节点，展开 StuInfo 数据库节点。

（3）展开表节点，右键单击需插入数据的表，在弹出的快捷菜单中选择"打开"命令。在打开的表中可以查看数据。

3.8.2　使用 T-SQL 语句查询表中数据

在命令行方式下，主要使用 SELECT 语句查询表中的数据，其具体内容我们将在下一章进行详解。

3.9　本章小结

本章的主要内容为各种数据类型的特点和基本用法以及表的创建和管理。表的创建与管理有两种方法：第一种是使用 SSMS 图形化工具，由于 SSMS 图形化工具提供了图形化的操作界面，采用 SSMS 图形化工具创建、管理表，操作简单，容易掌握；第二种是在命令行方式下使用语句来创建、管理表，这种方法要求用户掌握基本的语句。

创建表使用 CREATE TABLE 语句。管理表包括查看表的属性、修改表的结构、重新命名表和删除表。向表插入数据使用 INSERT 语句。更新表内容使用 UPDATE 语句。删除表的记录使用 DELETE 语句。

　　数据完整性是指存储在数据库中的数据的一致性和准确性。约束是实现数据完整性的主要方法。检查约束是强制域完整性的一种方法，主键约束是强制实体完整性的主要方法，外键约束是强制引用完整性的主要方法。关系数据库的数据与更新操作必须满足数据完整性的规则。

3.10　实训项目二　创建与管理表

3.10.1　实训目的

（1）掌握创建表的方法。

（2）掌握约束的设置方法。

（3）掌握表的管理操作方法。

3.10.2　实训要求

　　（1）分别使用 SSMS 图形化工具和命令行方式创建图书管理数据库（LibManage），并且在 LibManage 数据库中建立图书表（Book）、读者表（Reader）和图书借阅表（Library）。

　　（2）向新建立的表中输入相应的数据，并对表进行相应的操作。

　　（2）记录完成实验的具体操作步骤和所使用的命令序列。

　　（3）记录实验结果，并对实验结果进行分析。

3.10.3　实训内容及步骤

　　（1）在 LibManage 数据库中建立图书表（Book）、读者表（Reader）和图书借阅表（Library），这三张表的数据结构如表 3-12 至表 3-14 所示。

表 3-12　　　　　　　　　　　　　　　Book（图书）表结构

列名称	数据类型及长度	是否允许为空	说明
书号	Int	否	主键
书名	Varchar (40)	否	
作者	Char(20)	是	
出版社	Varchar (20)	是	
出版日期	Datetime	是	
定价	Money	是	

表 3-13　　　　　　　　　　　　　　　Reader（读者）表结构

列名称	数据类型及长度	是否允许为空	说明
借书证号	Int	否	主键
姓名	Char(10)	否	
性别	Char(2)	是	
年龄	Int	是	

列名称	数据类型及长度	是否允许为空	说明
工作单位	Varchar(40)	是	
联系电话	Varchar(16)	是	

表 3-14　　　　　　　　　　Library（图书借阅）表结构

列名称	数据类型及长度	是否允许为空	说明
借书证号	Int	否	主键
书号	Int	否	主键
借阅日期	Datetime	是	

（2）向图书表（Book）、读者表（Reader）和图书借阅表（Library）输入数据，这三张表的数据如表 3-15～表 3-17 所示。

表 3-15　　　　　　　　　　Book（图书）表数据

书号	书名	作者	出版社	出版日期	定价
1	网络数据库	刘小军	人民邮电出版社	2012-3-20	38.00
2	计算机操作系统	郭晶	电子工业出版社	2013-5-23	29.00
3	高等数学	程杰	清华大学出版社	2013-6-15	32.00
4	定格动画	钱坤坤	人民邮电出版社	2013-9-10	33.00
5	会计学原理	周静	电子工业出版社	2014-1-23	28.00
6	管理学基础	柴树明	电子工业出版社	2014-5-7	26.00
7	大学英语	吴慧君	清华大学出版社	2014-6-27	30.00
8	数据结构	田大鹏	清华大学出版社	2014-9-20	32.00

表 3-16　　　　　　　　　　Reader（读者）表数据

借书证号	姓名	性别	年龄	工作单位	联系电话
1	钟凯	男	26	仪表设计公司	62283456
2	毛轩轩	男	34	地毯8厂	38265432
3	齐梅梅	女	22	二十中学	24134456
4	闻竹	女	45	电力公司	62346234
5	蔡和和	男	36	公交公司8厂	45782311
6	萧同	男	31	昊天设计公司	28697001
7	海霞	女	27	无线电九厂	82831001
8	李金矿	男	35	美名装饰公司	66562131

表 3-17		Library（图书借阅）表数据
借书证号	书号	借阅日期
1	1	2013-12-8
2	3	2014-1-20
3	5	2014-3-2
7	2	2014-3-25
8	7	2014-4-2
5	6	2014-5-5

（3）写出向 Library（图书借阅）表插入记录：'4'、'7'、'2014-6-7' 的 SQL 语句，执行结果如何？为什么？

（4）写出将 Book（图书）表中书号='1' 修改为 '9' 的 SQL 语句，执行结果如何？为什么？

（5）利用 SQL 语句为 Reader（读者）表的出版社字段设置 CHECK 约束，限制其取值范围为人民邮电出版社、电子工业出版社、清华大学出版社，并设置默认字段为人民邮电出版社。

3.11　课后习题

一、选择题

1. 使用 T-SQL 语句创建表的语句是（　　）。

A. DELETE TABLE
B. CREATE TABLE
C. ADD TABLE
D. DROP TABLE

2. 限制输入到列的取值范围，应使用（　　）约束。

A. CHECK
B. PRIMARY KEY
C. FOREIGN KEY
D. UNIQUE

3. SQL Server 的字符型数据类型主要包括（　　）。

A. int、money、char
B. char、varchar、text
C. date、binary、int
D. char、varchar、int

4. 以下关于外键和相应主键之间的关系，正确的是（　　）。

A. 外键不一定要与相应的主键同名
B. 外键一定要与相应的主键同名
C. 外键一定要与相应的主键同名而且唯一
D. 外键一定要与相应的主键同名，但并不一定唯一

5. 在 T-SQL 中，关于 NULL 值叙述正确的选项是（　　）。

A. NULL 表示空格
B. NULL 表示 0
C. NULL 表示空值
D. NULL 既可以表示 0，也可以表示空格

6. 下面数据类型，在定义时需要给出数据长度的是（　　）。

A. Int
B. Text
C. Char
D. Money

7. 在"工资表"中的"基本工资"列用来存放员工的基本工资金额（没有小数），下面最节省空间的数据类型是（　　）。

A. Tinyint
B. Smallint
C. Int
D. Decimai(3,0)

8. 可以唯一地标识表中的一行，确保数据唯一性的是（　　）。

A. 外键
B. 主键
C. 索引
D. 视图

二、填空题

1. 若"性别"列的数据类型定义为 char(4)，该列有一行输入的字符串为"男"，则占用的实际存储空间为＿＿＿＿＿字节。

2. 若"专业"列的数据类型定义为 varchar(10)，该列有一行输入的字符串为"软件技术"，则占用的实际存储空间为＿＿＿＿＿字节。

3. 使用 T-SQL 创建表的语句是：＿＿＿＿＿；修改表结构的语句是：＿＿＿＿＿；删除表的语句是：＿＿＿＿＿。

4. 使用 T-SQL 操作表的数据，添加语句是：＿＿＿＿＿；更新语句是：＿＿＿＿＿；删除语句是：＿＿＿＿＿。

5. 当指定表中某一列或若干列为主键时，则系统将在这些列上自动建立一个＿＿＿＿＿、＿＿＿＿＿的索引。

三、判断题

1. SQL Server 不允许字段名为汉字。（　　）

2. 一个表可以创建多个主键。（　　）

3. 主键可以是复合键。（　　）

4. 主键字段允许为空。（　　）

5. DELETE 语句只是删除表中的数据，表结构依然存在。（　　）

6. 设置唯一约束的列可以为空。（　　）

7. 定义外键级联是为了保证相关表之间数据的一致性。（　　）

四、简答题

1. 什么是约束？其作用是什么？

2. SQL Server 表定义支持哪些完整性约束？请举例说明。

PART 4

第 4 章
SELECT 数据查询

教学提示

本章主要介绍 SELECT 查询语句的语法与应用，为数据库系统的应用开发奠定基础。数据库检索速度的提高是数据库技术发展的重要标志之一。在数据库的发展过程中，数据检索曾经是一件非常困难的事情，直到使用了 SQL 之后，数据库的检索才变得相对简单。对于使用 SQL 的数据库，检索数据都要使用 SELECT 语句。使用 SELECT 语句，既可以完成简单的单表查询、联合查询，也可以完成复杂的连接查询、嵌套查询。

本章知识内容为 T-SQL 的 SELECT 查询语句的基本语法，包括 SELECT 查询、连接查询的基本应用，还包括多表复杂查询的应用和子查询的应用。

教学目标

- 能够根据系统功能需求熟练地使用 SSMS 和 T-SQL 对表进行查询
- 培养数据库开发的基本能力
- 通过规范性的数据操作，培养严谨的科学态度

4.1 SELECT 查询语句

SQL 标准中的 SELECT 语句是数据库应用最广泛和最重要的语句之一，用户可以使用 SELECT 语句从数据库中按照功能需求查询出数据信息。

T-SQL 完全支持 SQL-92 标准的 SELECT 语句。除此之外，T-SQL 的 SELECT 语句还可以设置或显示系统信息、对局部变量赋值等。为区别起见，我们对实现查询功能的 SELECT 语句称为 SELECT 查询语句。

4.1.1 SELECT 查询语句结构

SELECT 查询语句的语法非常复杂，这里先列出构成 SELECT 查询语句的各个子句，其用法将在后面的应用中逐步说明。

SELECT 查询语句的基本语法如下。

```
SELECT [ALL|DISTINCT] [TOP n] 表达式列表
[INTO 新表名]
FROM 基本表列表|视图名列表
[WHERE 查询条件]
[GROUP BY 分组列名表]
[HAVING 逻辑表达式]
[ORDER BY 排序列名表[ASC|DESC]]
```

SELECT 查询语句中的子句顺序非常重要，可以省略任选子句，但这些子句在使用时必须按规定的顺序出现。上述结构还不能完全说明其用法，下面把它拆分成若干部分详细描述。

SELECT 查询语句至少包含两个子句：SELECT 和 FROM，SELECT 子句指定要查询的特定表中的列，FROM 子句指定查询的表。WHERE 子句指定查询的条件，GROUP BY 子句用于对查询结果进行分组，HAVING 子句指定分组的条件，ORDER BY 子句用于对查询结果进行排序。

【例 4-1】查询 Student 表中所有学生的姓名和联系电话，可以写为：

```
USE StuInfo
GO
SELECT 姓名,联系电话 FROM Student
GO
```

程序执行结果如下。

	姓名	联系电话
1	王红	28283344
2	刘军	65627879
3	闵娜娜	56573456
4	李明军	26232231
5	郝丽君	56345612
6	祁鹏	24233349
7	张建国	26282434
8	韩强民	56571234
9	王芳	28290036
10	刘萍	NULL

4.1.2 SELECT 子句

SELECT 子句用于指定要返回的列，其完整的语法格式如下。

```
SELECT [ALL|DISTINCT]
[TOP n [PERCENT] [WITH TIES]]
列名
<列名>::=
    { *
    |{表名|视图名|表的别名}.*
    |{列名|表达式|IDENTITYCOL|ROWGUIDCOL}[[AS]别名]
    |别名=表达式}
  [,...n]
```

1．使用通配符"*"，返回所有列值

【例 4-2】查询 Student 表中的所有记录，程序为：

```
USE StuInfo
GO
SELECT * FROM Student
GO
```

程序执行结果如下。

	学号	姓名	性别	出生日期	民族	政治面貌	所学专业	家庭住址	邮政编码	联系电话
1	211	王红	女	1990-03-01 00:00:00.000	汉	群众	软件技术	营口道9号	300170	28283344
2	212	刘军	男	1990-05-07 00:00:00.000	汉	团员	软件技术	光荣道36号	300050	65627879
3	321	闵娜娜	女	1991-01-08 00:00:00.000	回	团员	动漫设计	民权门12号	300020	56573456
4	322	李明军	男	1990-08-13 00:00:00.000	汉	群众	动漫设计	王串场8号	300023	26232231
5	323	郝丽君	女	1991-10-02 00:00:00.000	回	团员	动漫设计	民权门8号	300232	56345612
6	431	祁鹏	男	1990-03-12 00:00:00.000	汉	团员	网络技术	大桥道12号	300175	24233349
7	432	张建国	男	1991-02-19 00:00:00.000	汉	群众	网络技术	王串场13号	300023	26282434
8	433	韩强民	男	1990-12-06 00:00:00.000	汉	团员	网络技术	民权门18号	300232	56571234
9	541	王芳	女	1991-05-23 00:00:00.000	汉	群众	会计	营口道13号	300170	28290036
10	542	刘萍	女	1990-04-09 00:00:00.000	汉	团员	会计	闽侯路28号	300052	NULL

2. 使用 DISTINCT 关键字消除重复记录

【例 4-3】查询 Student 表中所有的所学专业，去掉重复值，程序为：

```
USE StuInfo
GO
SELECT  DISTINCT 所学专业 FROM Student
GO
```

程序执行结果如下。

3. 使用 TOP n 指定返回查询结果的前 n 行记录

【例 4-4】查询 Student 表中姓名、性别和出生日期的前 5 条记录，程序为：

```
USE StuInfo
GO
SELECT  TOP 5 姓名,性别,出生日期 FROM Student
GO
```

程序执行结果如下。

	姓名	性别	出生日期
1	王红	女	1990-03-01 00:00:00.000
2	刘军	男	1990-05-07 00:00:00.000
3	闵娜娜	女	1991-01-08 00:00:00.000
4	李明军	男	1990-08-13 00:00:00.000
5	郝丽君	女	1991-10-02 00:00:00.000

4. 使用列别名改变查询结果中的列名

【例 4-5】使用列的别名查询 Student 表中所有记录的学号（别名为 number）、姓名（name）和联系电话（telephone），程序为：

```
USE StuInfo
GO
SELECT  学号 AS number,name=姓名,联系电话 telephone  FROM Student
GO
```

程序执行结果如下。

5. 使用列表达式

在 SELECT 子句中可以使用算术运算符对数字型数据列进行加、减、乘、除和取模运算，构造列表达式，获取经过计算的查询结果。

4.1.3 FROM 子句

在各种 SQL 语句中，FROM 子句是不得不提的，它指定 SELECT 语句查询及与查询相关的表或视图。对于每个 SELECT 子句，FROM 子句是强制性的，重要性自然不言而喻。

在 FROM 子句中最多可指定 256 个表或视图，它们之间用逗号分隔。在 FROM 子句同时指定多个表或视图时，如果选择列表中存在同名列，这时应使用对象名限定这些列所属的表或视图。

FROM 子句的语法格式如下。

```
FROM {表名|视图名} [,…n]
```

当有多个数据源时，可以使用 "," 分隔，数据源也可以像列一样指定别名，该别名只在当前的 SELECT 语句中起作用。方法为：数据源名 AS 别名，或者数据源名 别名。

【例 4-6】在 Student 表中查询姓名为王红的学生的联系电话，程序为：

```
USE StuInfo
GO
SELECT 姓名,联系电话 FROM Student AS c WHERE c.姓名='王红'
GO
```

程序执行结果如下。

	姓名	联系电话
1	王红	28283344

4.1.4 WHERE 子句

用户在查询数据库时往往不需要检索全部的数据，而只需要查询其中一部分满足给定条件的信息，此时需要在 SELECT 语句中加入条件，以选择其中的部分记录。这就要用到 WHERE 子句来指定查询返回行的条件。

WHERE 子句的基本语法格式如下。

```
WHERE 指定条件
```

WHERE 子句用于指定搜索条件，过滤不符合查询条件的数据记录。可以使用的条件包括关系运算、逻辑运算、范围运算、模式匹配运算、列表运算以及空值判断等。表 4-1 中列出了过滤的类型和用于过滤数据的相应搜索条件。

表 4-1   过滤类型与相应搜索条件

过滤类型	搜索条件
关系运算符	=、>、<、>=、<=、!>、!<、!=
逻辑运算符	NOT、AND、OR
范围运算符	BETWEEN、NOT BETWEEN
模式匹配运算符	LIKE、NOT LIKE
列表运算符	IN、NOT IN
空值判断符	IS NULL、IS NOT NULL

1. 关系运算符

在 WHERE 子句中，可以将各种关系运算符与列名（变量）、常量或函数一起构成关系表达式，用关系表达式描述一些简单的条件，从而实现对表的选择查询。主要的关系运算符有：

=、>、<、>=（大于等于）、<=（小于等于）、!>（不大于）、!<（不小于）、!=（不等于）。

【例4-7】从学生表Student中查询出学生郝丽君的信息。

```
USE StuInfo
GO
SELECT*FROM Student
WHERE 姓名='郝丽君'
GO
```

程序执行结果如下。

	学号	姓名	性别	出生日期	民族	政治面貌	所学专业	家庭住址	邮政编码	联系电话
1	323	郝丽君	女	1991-10-02 00:00:00.000	回	团员	动漫设计	民权门8号	300232	56345612

【例4-8】从学生表Student中查询出软件技术专业学生的信息。

```
USE StuInfo
GO
SELECT*FROM Student
WHERE 所学专业='软件技术'
GO
```

程序执行结果如下。

	学号	姓名	性别	出生日期	民族	政治面貌	所学专业	家庭住址	邮政编码	联系电话
1	211	王红	女	1990-03-01 00:00:00.000	汉	群众	软件技术	营口道9号	300170	28283344
2	212	刘军	男	1990-05-07 00:00:00.000	汉	团员	软件技术	光荣道36号	300050	65627879

【例4-9】从学生表Student中查询出1991年1月1日以后出生的学生的信息。

```
USE StuInfo
GO
SELECT*FROM Student
WHERE 出生日期>='1991-1-1'
GO
```

程序执行结果如下。

	学号	姓名	性别	出生日期	民族	政治面貌	所学专业	家庭住址	邮政编码	联系电话
1	321	闵娜娜	女	1991-01-08 00:00:00.000	回	团员	动漫设计	民权门12号	300020	56573456
2	323	郝丽君	女	1991-10-02 00:00:00.000	回	团员	动漫设计	民权门8号	300232	56345612
3	432	张建国	男	1991-02-19 00:00:00.000	汉	群众	网络技术	王串场13号	300023	26282434
4	541	王芳	女	1991-05-23 00:00:00.000	汉	群众	会计	营口道13号	300170	28290036

2. 逻辑运算符

在 WHERE 子句中，可以使用逻辑运算符把各个查询条件连接起来，从而实现比较复杂的选择查询。主要的逻辑运算符有：NOT（非）、AND（与）、OR（或）。

【例4-10】从学生表Student中查询出1991年1月1日以后（含）出生的男学生的信息。

```
USE StuInfo
GO
SELECT*FROM Student
WHERE 出生日期>='1991-1-1'AND 性别='男'
GO
```

程序执行结果如下。

	学号	姓名	性别	出生日期	民族	政治面貌	所学专业	家庭住址	邮政编码	联系电话
1	432	张建国	男	1991-02-19 00:00:00.000	汉	群众	网络技术	王串场13号	300023	26282434

【例4-11】从学生表Student中查询出1991年1月1日以前（不含）出生的女学生的信息。

```
USE StuInfo
GO
```

```
SELECT*FROM Student
WHERE 出生日期<'1991-1-1'AND 性别='女'
GO
```

程序执行结果如下。

	学号	姓名	性别	出生日期	民族	政治面貌	所学专业	家庭住址	邮政编码	联系电话
1	211	王红	女	1990-03-01 00:00:00.000	汉	群众	软件技术	营口道9号	300170	28283344
2	542	刘萍	女	1990-04-09 00:00:00.000	汉	团员	会计	闽侯路28号	300052	NULL

3. 范围运算符

语法：列名[NOT]BETWEEN 开始值 AND 结束值

用于指定列名是否在开始值和结束值之间。

● BETWEEN 开始值 AND 结束值：等价于（列名>=开始值 AND 列名<=结束值）

● NOT BETWEEN 开始值 AND 结束值：等价于（列名<开始值 OR 列名>结束值）

【例 4-12】从学生表 Student 中查询出出生日期在 1991-1-1 到 1992-1-1 之间的学生的信息。

```
USE StuInfo
GO
SELECT*FROM Student
WHERE 出生日期 BETWEEN '1991-1-1' AND '1992-1-1'
GO
```

程序执行结果如下。

	学号	姓名	性别	出生日期	民族	政治面貌	所学专业	家庭住址	邮政编码	联系电话
1	321	闵娜娜	女	1991-01-08 00:00:00.000	回	团员	动漫设计	民权门12号	300020	56573456
2	323	郝丽君	女	1991-10-02 00:00:00.000	回	团员	动漫设计	民权门8号	300232	56345612
3	432	张建国	男	1991-02-19 00:00:00.000	汉	群众	网络技术	王串场13号	300023	26282434
4	541	王芳	女	1991-05-23 00:00:00.000	汉	群众	会计	营口道13号	300170	28290036

4. 模式匹配运算符

语法：列名[NOT]LIKE 字符串（含通配符）

列名的值（不）像给定字符串（含通配符）时，逻辑表达式的值为（假）真。其中，通配符"_"代表一个任意字符，通配符"%"代表任意多个字符。模式匹配运算符 LIKE 可以实现对表的模糊查询。

【例 4-13】从学生表 Student 中查询出"刘"姓学生的信息。

```
USE StuInfo
GO
SELECT*FROM Student
WHERE 姓名 LIKE'刘%'
GO
```

程序执行结果如下。

	学号	姓名	性别	出生日期	民族	政治面貌	所学专业	家庭住址	邮政编码	联系电话
1	212	刘军	男	1990-05-07 00:00:00.000	汉	团员	软件技术	光荣道36号	300050	65627879
2	542	刘萍	女	1990-04-09 00:00:00.000	汉	团员	会计	闽侯路28号	300052	27349810

【例 4-14】从学生表 Student 中查询出技术专业的学生的信息。

```
USE StuInfo
GO
SELECT*FROM Student
WHERE 所学专业 LIKE'%技术%'
GO
```

程序执行结果如下。

	学号	姓名	性别	出生日期		民族	政治面貌	所学专业	家庭住址	邮政编码	联系电话
1	211	王红	女	1990-03-01 00:00:00.000		汉	群众	软件技术	营口道9号	300170	28283344
2	212	刘军	男	1990-05-07 00:00:00.000		汉	团员	软件技术	光荣道38号	300050	65627879
3	431	祁鹏	男	1990-03-12 00:00:00.000		汉	团员	网络技术	大桥道12号	300175	24233349
4	432	张建国	男	1991-02-19 00:00:00.000		汉	群众	网络技术	王串场13号	300023	26282434
5	433	韩强民	男	1990-12-06 00:00:00.000		汉	团员	网络技术	民权门18号	300232	56571234

5. 列表运算符

语法：列名 [NOT] IN（列表|子查询）

列名的值（不）是列表或子查询结果中的任何一个值时，逻辑表达式的值为（假）真。有关子查询的应用将在本章第 4.3 节进一步介绍。

【例 4-15】从学生表 Student 中查询学号为 211 和 322 学生的信息。

```
USE StuInfo
GO
SELECT*FROM Student
WHERE 学号 IN ('211','322')
GO
```

程序执行结果如下。

	学号	姓名	性别	出生日期		民族	政治面貌	所学专业	家庭住址	邮政编码	联系电话
1	211	王红	女	1990-03-01 00:00:00.000		汉	群众	软件技术	营口道9号	300170	28283344
2	322	李明军	男	1990-08-13 00:00:00.000		汉	群众	动漫设计	王串场6号	300023	26232231

6. 空值判断符

语法：列名 IS [NOT] NULL

在数据库的表中，除了必须具有值的列不允许为空外，许多列可以没有输入值，这时该列的值为空（NULL）。此逻辑表达式中列名的值（不）为空时，其值为（假）真。

4.1.5 聚合函数

聚合函数的功能是对整个表或表中的列组进行汇总、计算、求平均值或总和。常见的聚合函数及其功能如表 4-2 所示。

表 4-2 聚合函数

函数格式	功能
COUNT([DISTINCT|ALL]*)	计算记录个数
COUNT([DISTINCT|ALL]<列名>)	计算某列值个数
AVG([DISTINCT|ALL]<列名>)	计算某列值的平均值
MAX([DISTINCT|ALL]<列名>)	计算某列值的最大值
MIN([DISTINCT|ALL]<列名>)	计算某列值的最小值
SUM([DISTINCT|ALL]<列名>)	计算某列值的和

其中，DISTINCT 表示在计算时去掉列中的重复值，如果不指定 DISTINCT 或指定 ALL（默认），则计算所有指定值。COUNT（*）函数计算所有行的数量，把包含空值的行也计算在内。而 COUNT（<列名>）则忽略该列中的空值。同样，AVG、MAX、MIN 和 SUM 等函数也将忽略空值，不把包含空值的行计算在内，只对该列中的非空值进行计算。

【例 4-16】求全体学生数。

```
USE StuInfo
GO
SELECT COUNT(*) FROM Student
```

```
GO
```

程序执行结果如下。

	(无列名)
1	10

【例 4-17】有多少学生参加考试。

```
USE StuInfo
GO
SELECT COUNT (DISTINCT 学号) FROM Score
GO
```

程序执行结果如下。

	(无列名)
1	8

【例 4-18】求学生的平均成绩。

```
USE StuInfo
GO
SELECT AVG(成绩) FROM Score
GO
```

程序执行结果如下。

	(无列名)
1	76.166666

【例 4-19】求课程号=4 的最高成绩。

```
USE StuInfo
GO
SELECT MAX(成绩) FROM Score WHERE 课程号=4
GO
```

程序执行结果如下。

	(无列名)
1	95.0

【例 4-20】求最小男生的出生日期。

```
USE StuInfo
GO
SELECT MIN(出生日期) FROM Student WHERE 性别='男'
GO
```

程序执行结果如下。

	(无列名)
1	1990-03-12 00:00:00.000

【例 4-21】求所有课程的学分总和。

```
USE StuInfo
GO
SELECT SUM(学分) FROM Course
GO
```

程序执行结果如下。

	(无列名)
1	22

4.1.6 GROUP BY 子句查询

语法：GROUP BY 列名表

SELECT 语句是 SQL 的核心，用于查询数据库并检索匹配指定条件的选择数据。在 SELECT 语句中，可以使用 GROUP BY 子句按指定字段中的值分类，将行记录划分成较小的组，然后使用聚组函数返回每一个组的汇总信息，另外还可以使用 HAVING 子句限制返回的结果集。GROUP BY 子句可以将查询结果分组，并返回行记录的汇总信息。

注意：在 SELECT 子句中投影的列名必须出现在相应的 GROUP BY 列名表中。

【例 4-22】从学生表 Student 中查询出各专业的学生总数，要求查询结果显示专业名称和人数两个列。

```
USE StuInfo
GO
SELECT '专业'=所学专业,'人数'=COUNT(*)
FROM Student
GROUP BY 所学专业
GO
```

程序执行结果如下。

	专业	人数
1	动漫设计	3
2	会计	2
3	软件技术	2
4	网络技术	3

【例 4-23】从学生表 Student 中查询出各专业的男女生数。

```
USE StuInfo
GO
SELECT 性别, 所学专业, COUNT(所学专业)
FROM Student
GROUP BY 性别, 所学专业
GO
```

程序执行结果如下。

	性别	所学专业	(无列名)
1	男	动漫设计	1
2	女	动漫设计	2
3	女	会计	2
4	男	软件技术	1
5	女	软件技术	1
6	男	网络技术	3

4.1.7 HAVING 子句查询

HAVING 子句限制查询返回的行。它为 GROUP BY 子句设置条件的方式与 WHERE 为 SELECT 子句设置条件的方式类似。

HAVING 子句搜索条件基本上等同于 WHERE 搜索条件，只是 WHERE 搜索条件不能包括集合函数，而 HAVING 搜索条件经常包括集合函数。

【例 4-24】从学生表 Student 中查询出各专业的男生数。

```
USE StuInfo
GO
SELECT 性别, 所学专业, COUNT(所学专业) AS 人数
FROM Student
```

```
GROUP BY 性别，所学专业 HAVING 性别='男'
GO
```

程序执行结果如下。

	性别	所学专业	人数
1	男	动漫设计	1
2	男	软件技术	1
3	男	网络技术	3

4.1.8　ORDER BY 子句查询

ORDER BY 子句用于按查询结果中的一列或多列对查询结果进行排序。

语法：ORDER BY 列名表达式表 ASC|DESC

按一列或多列对查询结果进行升序（ASC：默认）或降序（DESC）排序。如果 ORDER BY 子句后是一个列名表达式表，则系统将根据各列的次序决定排序的优先级，然后排序。ORDER BY 无法对数据类型为 varchar(max)、nvarchar(max)或 xml 的列使用，并只能在外查询中使用。

如果指定了 SELECT DISTINCT（去重复行），那么 ORDER BY 子句中的列名就必须出现在 SELECT 子句的列表中。

【例 4-25】从成绩表 Score 中查询成绩并按从大到小排序。

```
USE StuInfo
GO
SELECT 学号,成绩
FROM Score
ORDER BY 成绩 DESC
GO
```

程序执行结果如下。

	学号	成绩
1	212	95.0
2	211	89.0
3	431	88.0
4	323	86.0
5	322	78.0
6	211	78.0
7	212	77.0
8	433	70.0
9	211	67.0
10	321	66.0
11	212	60.0
12	432	60.0

4.1.9　COMPUTE 和 COMPUTE BY 子句查询

有时我们不仅需要知道数据的汇总情况，还需要知道详细的数据记录，此时可以使用 COMPUTE 或 COMPUTE BY 子句生成明细汇总结果。COMPUTE 子句用于对列进行聚合函数计算并生成汇总值，汇总的结果以附加行的形式出现，其语法格式如下。

```
COMPUTE
{{AVG|COUNT|MAX|MIN|STDEV|STDEVP|VAR|VARP|SUM}
(列名1)}[,...n]
[BY 列名1[,...n]]
```

关于 COMPUTE 和 COMPUTE BY 子句的使用需注意以下几点。

● COMPUTE 子句中指定的列必须包含在 SELECT 语句中，不能用别名。

● 使用 COMPUTE 或 COMPUTE BY 子句就不能同时使用 SELECT INTO 子句。

● 使用 COMPUTE BY 子句时也必须使用 ORDER BY 子句，且在 COMPUTE BY 子句中出现的列必须小于或等于 ORDER BY 子句中出现的列，列的顺序也要相同。

【例 4-26】统计总分数，同时显示详细的数据记录。

```
USE StuInfo
GO
SELECT 学号,课程号,成绩 FROM Score COMPUTE SUM(成绩)
GO
```

程序执行结果如下。

	学号	课程...	成绩
1	211	1	89.0
2	211	2	78.0
3	211	4	67.0
4	212	1	77.0
5	212	2	60.0
6	212	4	95.0
7	321	3	66.0
8	322	3	78.0
9	323	3	86.0
10	431	4	88.0
11	432	4	60.0
12	433	4	70.0

	sum
1	914.0

【例 4-27】分别统计每个学生的总分数，同时显示详细的数据记录。

```
USE StuInfo
GO
SELECT 学号,课程号,成绩 FROM Score
ORDER BY 学号 COMPUTE SUM(成绩) BY 学号
GO
```

程序执行结果如下。

	学号	课程...	成绩
1	211	1	89.0
2	211	2	78.0
3	211	4	67.0

	sum
1	234.0

	学号	课程...	成绩
1	212	1	77.0
2	212	2	60.0
3	212	4	95.0

	sum
1	232.0

	学号	课程...	成绩
1	321	3	66.0

	sum
1	66.0

	学号	课程...	成绩
1	322	3	78.0

	sum
1	78.0

	学号	课程...	成绩
1	323	3	86.0

	sum
1	86.0

	学号	课程...	成绩
1	431	4	88.0

	sum
1	88.0

	学号	课程...	成绩

4.1.10 INTO 子句查询

INTO 子句用于把查询结果存放到一个新建立的表中，新表的列由 SELECT 子句中指定的列构成。

语法：INTO 新表名

【例 4-28】从课程表 Course 中将课程号和课程名的内容保存为新表 course_new。

```
USE StuInfo
GO
SELECT 课程号，课程名
INTO course_new
FROM Course
GO
```

程序执行结果如下。

4.2 连接查询

数据库的设计原则是精简，通常是各个表中存放不同的数据，最大限度地减少数据库冗余数据。而实际工作中，往往需要从多个表中查询出用户需要的数据并生成单个的结果集，这就是连接查询。

在 SQL Server 中，可以使用两种语法形式：一种是前面介绍的 FROM 子句，连接条件写在 WHERE 子句的逻辑表达式中，从而实现表的连接，这是早期的 SQL Server 连接的语法形式；另一种是 ANSI（AMERICAN NATIONAL STANDARDS INSTITUTE，美国国家标准学会）连接语法形式，在 FROM 子句中使用 JOIN...ON 关键字，连接条件写在 ON 之后，从而实现表的连接。

4.2.1 内连接

所谓内连接指的是返回参与连接查询的表中所有匹配的行，在 ANSI 连接形式中使用关键字 INNER JOIN 表示。

语法：FROM 表名1 INNER JOIN 表名2 ON 连接表达式

从两个或两个以上表的笛卡尔积中，选出符合连接条件的数据行。如果数据行无法满足连接条件，则将其丢弃。内连接消除了与另一个表中不匹配的数据行。

1. 等值连接

【例 4-29】从学生管理数据库 StuInfo 中查询每个学生的详细信息，允许有重复列。

```
USE StuInfo
GO
SELECT Student.*, Score.*
FROM Student INNER JOIN Score ON Student.学号= Score.学号
GO
```

程序执行结果如下。

	学号	姓名	性别	出生日期	民族	政治面貌	所学专业	家庭住址	邮政编码	联系电话	学号	课程号	成绩
1	211	王红	女	1990-03-01 00:00:00.000	汉	群众	软件技术	营口道9号	300170	28283344	211	1	89.0
2	211	王红	女	1990-03-01 00:00:00.000	汉	群众	软件技术	营口道9号	300170	28283344	211	2	78.0
3	211	王红	女	1990-03-01 00:00:00.000	汉	群众	软件技术	营口道9号	300170	28283344	211	4	67.0
4	212	刘军	男	1990-05-07 00:00:00.000	汉	团员	软件技术	光荣道36号	300050	65627879	212	1	77.0
5	212	刘军	男	1990-05-07 00:00:00.000	汉	团员	软件技术	光荣道36号	300050	65627879	212	2	60.0
6	212	刘军	男	1990-05-07 00:00:00.000	汉	团员	软件技术	光荣道36号	300050	65627879	212	4	95.0
7	321	闵娜娜	女	1991-01-08 00:00:00.000	回	团员	动漫设计	民权门12号	300020	56573456	321	3	66.0
8	322	李明军	男	1990-08-13 00:00:00.000	汉	群众	动漫设计	王串场6号	300023	26232231	322	3	78.0
9	323	郝丽君	女	1991-10-02 00:00:00.000	回	团员	动漫设计	民权门8号	300232	56345612	323	3	86.0
10	431	祁鹏	男	1990-03-12 00:00:00.000	汉	团员	网络技术	大桥道12号	300175	24233349	431	4	88.0
11	432	张建国	男	1991-02-19 00:00:00.000	汉	群众	网络技术	王串场13号	300023	26282434	432	4	60.0
12	433	韩强民	男	1990-12-06 00:00:00.000	汉	团员	网络技术	民权门18号	300232	56571234	433	4	70.0

2．自然连接

【例4-30】从学生管理数据库StuInfo中查询每个学生的详细信息，不允许有重复列。

```
USE StuInfo
GO
SELECT Student.*, Score.成绩
FROM Student INNER JOIN Score ON Student.学号= Score.学号
GO
```

程序执行结果如下。

	学号	姓名	性别	出生日期	民族	政治面貌	所学专业	家庭住址	邮政编码	联系电话	成绩
1	211	王红	女	1990-03-01 00:00:00.000	汉	群众	软件技术	营口道9号	300170	28283344	89.0
2	211	王红	女	1990-03-01 00:00:00.000	汉	群众	软件技术	营口道9号	300170	28283344	78.0
3	211	王红	女	1990-03-01 00:00:00.000	汉	群众	软件技术	营口道9号	300170	28283344	67.0
4	212	刘军	男	1990-05-07 00:00:00.000	汉	团员	软件技术	光荣道36号	300050	65627879	77.0
5	212	刘军	男	1990-05-07 00:00:00.000	汉	团员	软件技术	光荣道36号	300050	65627879	60.0
6	212	刘军	男	1990-05-07 00:00:00.000	汉	团员	软件技术	光荣道36号	300050	65627879	95.0
7	321	闵娜娜	女	1991-01-08 00:00:00.000	回	团员	动漫设计	民权门12号	300020	56573456	66.0
8	322	李明军	男	1990-08-13 00:00:00.000	汉	群众	动漫设计	王串场6号	300023	26232231	78.0
9	323	郝丽君	女	1991-10-02 00:00:00.000	回	团员	动漫设计	民权门8号	300232	56345612	86.0
10	431	祁鹏	男	1990-03-12 00:00:00.000	汉	团员	网络技术	大桥道12号	300175	24233349	88.0
11	432	张建国	男	1991-02-19 00:00:00.000	汉	群众	网络技术	王串场13号	300023	26282434	60.0
12	433	韩强民	男	1990-12-06 00:00:00.000	汉	团员	网络技术	民权门18号	300232	56571234	70.0

4.2.2　外连接

外连接返回 FROM 子句中指定的至少一个表或视图中的所有行，只要这些行符合任何 WHERE 选择（不包含 ON 之后的连接条件）或 HAVING 限定条件。

外连接又分为左外连接、右外连接和全外连接。

左外连接对连接中左边的表不加限制；右外连接对连接中右边的表不加限制；全外连接对两个表都不加限制，两个表中的所有行都会包括在结果集中。各种外连接的语法和实例如下。

1．左外连接

语法：FROM 表名1 LEFT[OUTER] JOIN 表名2 ON 连接表达式

连接结果保留表1没形成连接的行，表2相应的各列为 NULL 值。

【例4-31】从表 Student 和表 Score 中查询出学生的考试情况，包括没有参加考试的学生情况。

```
USE StuInfo
GO
SELECT Student.*, Score.成绩
FROM Student LEFT OUTER JOIN Score ON Student.学号= Score.学号
GO
```

程序执行结果如下。

	学号	姓名	性别	出生日期	民族	政治面貌	所学专业	家庭住址	邮政编码	联系电话	成绩
1	211	王红	女	1990-03-01 00:00:00.000	汉	群众	软件技术	营口道9号	300170	28283344	89.0
2	211	王红	女	1990-03-01 00:00:00.000	汉	群众	软件技术	营口道9号	300170	28283344	78.0
3	211	王红	女	1990-03-01 00:00:00.000	汉	群众	软件技术	营口道9号	300170	28283344	67.0
4	212	刘军	男	1990-05-07 00:00:00.000	汉	团员	软件技术	光荣道36号	300050	65627879	77.0
5	212	刘军	男	1990-05-07 00:00:00.000	汉	团员	软件技术	光荣道36号	300050	65627879	60.0
6	212	刘军	男	1990-05-07 00:00:00.000	汉	团员	软件技术	光荣道36号	300050	65627879	95.0
7	321	闫娜娜	女	1991-01-08 00:00:00.000	回	团员	动漫设计	民权门12号	300020	56573456	66.0
8	322	李明军	男	1990-08-13 00:00:00.000	汉	群众	动漫设计	王串场6号	300023	26232231	78.0
9	323	郝丽君	女	1991-10-02 00:00:00.000	回	团员	动漫设计	民权门8号	300232	56345612	86.0
10	431	祁鹏	男	1990-03-12 00:00:00.000	汉	群众	网络技术	大桥道12号	300175	24233349	88.0
11	432	张建国	男	1991-02-19 00:00:00.000	汉	群众	网络技术	王串场13号	300023	26282434	60.0
12	433	韩强民	男	1990-12-06 00:00:00.000	汉	团员	网络技术	民权门18号	300232	56571234	70.0
13	541	王芳	女	1991-05-23 00:00:00.000	汉	群众	会计	营口道13号	300170	28290036	NULL
14	542	刘萍	女	1990-04-09 00:00:00.000	汉	团员	会计	闽侯路28号	300052	27349810	NULL

2. 右外连接

语法：FROM 表名1 RIGHT[OUTER] JOIN 表名2 ON 连接表达式

【例 4-32】从表 Course 和表 Score 中查询出学生的选课情况，包括没有参加选课的课程情况。

```
USE StuInfo
GO
SELECT Score.学号, Course.*
FROM Score RIGHT OUTER JOIN Course ON Score.课程号= Course.课程号
GO
```

程序执行结果如下。

	学号	课程号	课程名	任课教师	学时	学分	课程类型
1	211	1	数据库	王俊红	60	4	必修
2	212	1	数据库	王俊红	60	4	必修
3	211	2	网页	章霞	48	3	必修
4	212	2	网页	章霞	48	3	必修
5	321	3	英语	高建军	90	5	必修
6	322	3	英语	高建军	90	5	必修
7	323	3	英语	高建军	90	5	必修
8	211	4	Java语言	黄娜非	24	2	必修
9	212	4	Java语言	黄娜非	24	2	必修
10	431	4	Java语言	黄娜非	24	2	必修
11	432	4	Java语言	黄娜非	24	2	必修
12	433	4	Java语言	黄娜非	24	2	必修
13	NULL	5	思品	田巧巧	24	2	必修
14	NULL	6	体育	郝铭铭	30	2	必修
15	NULL	7	美术史	祁萧萧	24	2	选修
16	NULL	8	围棋	徐栋	24	2	选修

3. 全外连接

语法：FROM 表名1 FULL[OUTER] JOIN 表名2 ON 连接表达式

连接结果保留表1没形成连接的元组，表2相应的列为 NULL 值；连接结果也保留表2没形成连接的元组，表1相应的列为 NULL 值。

【例 4-33】学生选课情况全外连接。

```
USE StuInfo
GO
SELECT Score.学号, Course.*
FROM Score FULL OUTER JOIN Course ON Score.课程号= Course.课程号
GO
```

程序执行结果如下。

	学号	课程号	课程名	任课教师	学时	学分	课程类型
1	211	1	数据库	王俊红	60	4	必修
2	211	2	网页	章霞	48	3	必修
3	211	4	Java语言	黄娜菲	24	2	必修
4	212	1	数据库	王俊红	60	4	必修
5	212	2	网页	章霞	48	3	必修
6	212	4	Java语言	黄娜菲	24	2	必修
7	321	3	英语	高建军	90	5	必修
8	322	3	英语	高建军	90	5	必修
9	323	3	英语	高建军	90	5	必修
10	431	4	Java语言	黄娜菲	24	2	必修
11	432	4	Java语言	黄娜菲	24	2	必修
12	433	4	Java语言	黄娜菲	24	2	必修
13	NULL	5	思品	田巧巧	24	2	必修
14	NULL	6	体育	郝铭铭	30	2	必修
15	NULL	7	美术史	祁萧萧	24	2	选修
16	NULL	8	国棋	徐栋	24	2	选修

4.2.3 自连接

语法：FROM 表名 1 别名 1 JOIN 表名 1 别名 2 ON 连接表达式

表可以通过自连接实现自身的连接运算。自连接可以看作一张表的两个副本之间进行的连接。在自连接中，必须为表指定两个不同的别名，使之在逻辑上成为两张表。

【例 4-34】从学生管理数据库 StuInfo 中查询出学生的姓名、性别和出生日期。

```
USE StuInfo
GO
SELECT a.姓名,a.性别,b.出生日期
FROM Student a, Student b
WHERE a.学号=b.学号
GO
```

程序执行结果如下。

	姓名	性别	出生日期
1	王红	女	1990-03-01 00:00:00.000
2	刘军	男	1990-05-07 00:00:00.000
3	闵娜娜	女	1991-01-08 00:00:00.000
4	李明军	男	1990-08-13 00:00:00.000
5	郝丽君	女	1991-10-02 00:00:00.000
6	祁鹏	男	1990-03-12 00:00:00.000
7	张建国	男	1991-02-19 00:00:00.000
8	韩强民	男	1990-12-06 00:00:00.000
9	王芳	女	1991-05-23 00:00:00.000
10	刘萍	女	1990-04-09 00:00:00.000

4.2.4 交叉连接

交叉连接也叫非限制连接，它将两个表不加任何限制地组合起来。没有 WHERE 子句的交叉连接将产生连接所指定的表的笛卡尔积。第一个表的行数乘以第二个表的行数等于笛卡尔积结果集的行数，因此可能产生庞大的结果集。

语法：FROM 表名 1 CROSS JOIN 表名 2

两个表进行笛卡尔积计算，等价于 FROM 表名 1，表名 2 之后不加 WHERE 连接条件逻辑表达式。

【例 4-35】学生表 Student 和课程表 Course 交叉连接，显示查询结果集的前 10 行。

```
USE StuInfo
GO
SELECT TOP 10 Student.*, Course.课程名 FROM Student CROSS JOIN Course
GO
```

程序执行结果如下。

	学号	姓名	性别	出生日期	民族	政治面貌	所学专业	家庭住址	邮政编码	联系电话	课程名
1	211	王红	女	1990-03-01 00:00:00.000	汉	群众	软件技术	营口道9号	300170	28283344	数据库
2	211	王红	女	1990-03-01 00:00:00.000	汉	群众	软件技术	营口道9号	300170	28283344	网页
3	211	王红	女	1990-03-01 00:00:00.000	汉	群众	软件技术	营口道9号	300170	28283344	英语
4	211	王红	女	1990-03-01 00:00:00.000	汉	群众	软件技术	营口道9号	300170	28283344	Java语言
5	211	王红	女	1990-03-01 00:00:00.000	汉	群众	软件技术	营口道9号	300170	28283344	思品
6	211	王红	女	1990-03-01 00:00:00.000	汉	群众	软件技术	营口道9号	300170	28283344	体育
7	211	王红	女	1990-03-01 00:00:00.000	汉	群众	软件技术	营口道9号	300170	28283344	美术史
8	211	王红	女	1990-03-01 00:00:00.000	汉	群众	软件技术	营口道9号	300170	28283344	围棋
9	212	刘军	男	1990-05-07 00:00:00.000	汉	团员	软件技术	光荣道36号	300050	65627879	数据库
10	212	刘军	男	1990-05-07 00:00:00.000	汉	团员	软件技术	光荣道36号	300050	65627879	网页

仔细观察，会发现这个查询结果没有意义。

4.2.5 多表连接

语法：FROM 表名1 JOIN 表名2 ON 连接表达式 JOIN 表名3 ON 连接表达式
[,…,n]

最多可以连接64个表，通常为8~10个。

【例4-36】对学生表Student、课程表Course和成绩表Score三个表进行等值连接。

```
USE StuInfo
GO
SELECT Student.学号，Student.姓名，Course.课程名，Score.成绩
FROM Student JOIN Score ON Student.学号= Score.学号
JOIN Course ON Score.课程号= Course.课程号
GO
```

程序执行结果如下。

	学号	姓名	课程名	成绩
1	433	韩强民	Java语言	70.0
2	323	郝丽君	英语	86.0
3	322	李明军	英语	78.0
4	212	刘军	数据库	77.0
5	212	刘军	网页	60.0
6	212	刘军	Java语言	95.0
7	321	汶娜娜	英语	66.0
8	431	祁鹏	Java语言	88.0
9	211	王红	数据库	89.0
10	211	王红	网页	78.0
11	211	王红	Java语言	67.0
12	432	张建国	Java语言	60.0

以上语句等价于：

```
USE StuInfo
GO
SELECT Student.学号，Student.姓名，Course.课程名，Score.成绩
FROM Student ,Score , Course
WHERE Student.学号= Score.学号 AND Score.课程号= Course.课程号
GO
```

4.3 高级查询

4.3.1 子查询

子查询指在一个SELECT查询语句的WHERE子句中包含另一个SELECT查询语句，或者将一个SELECT查询语句嵌入另一个语句中成为其一部分。

在查询语句中，外层SELECT查询语句称为主查询。WHERE子句中的SELECT查询语句被称为子查询，可描述复杂的查询条件，也称为嵌套查询。嵌套查询一般会涉及两个以上的表，所做的查询有的也可以采用连接查询或者用几条查询语句完成。采用子查询有时会提

高算法的时间和空间效率，但算法不易读懂，读者应权衡利弊进行选择。使用时应该注意以下几点。

子查询需要用（）括起来。

子查询的 SELECT 查询语句中不能使用 image、text 或 ntext 数据类型。

子查询返回的结果值的数据类型必须匹配新增列或 WHERE 子句中的数据类型。

子查询中不能使用 COMPUTE[BY]或 INTO 子句。

在子查询中不能出现 ORDER BY 子句，ORDER BY 子句应该放在最外层的父查询中。

1．[NOT] IN 子查询

语法：列名 [NOT] IN （子查询）

WHERE 子句中列名的值（不）被包含在子查询结果的集合中时，逻辑表达式的值为（假）真。当没有用 EXISTS 引入子查询时，在子查询的 SELECT 投影列表中只能指定一个表达式。

【例 4-37】从学生管理数据库 StuInfo 中查询出选择 "Java 语言" 课程的学生成绩。

```
USE StuInfo
GO
SELECT DISTINCT 成绩
FROM Score
WHERE 课程号 IN
  (SELECT 课程号 FROM Course WHERE 课程名='Java 语言')
GO
```

程序执行结果如下。

	成绩
1	60.0
2	67.0
3	70.0
4	88.0
5	95.0

2．比较子查询

语法：列名 比较运算符 ALL|ANY|SOME （子查询）

当列名的值在关系上满足子查询中的值时，逻辑表达式的值为真，否则为假。与[NOT]IN 子查询类似，在子查询的 SELECT 投影列表中只能指定一个表达式。

比较子查询又区分为 ALL 和 ANY|SOME。

● ALL 子查询：当列名的值在关系上满足子查询中的每一个值时，逻辑表达式为真，否则为假。

● ANY|SOME 子查询：当列名的值在关系上满足子查询中的任何一个值时，逻辑表达式为真，否则为假。

【例 4-38】从学生管理数据库 StuInfo 中查询出成绩最高的学生。

```
USE StuInfo
GO
SELECT * FROM Score
WHERE 成绩>=ALL(SELECT 成绩 FROM Score)
GO
```

程序执行结果如下。

	学号	课程号	成绩
1	212	4	95.0

3．EXISTS 子查询

语法：[NOT]EXISTS （子查询）

EXISTS 表示存在量词，当子查询的结果存在时，返回逻辑值为真，不存在则返回逻辑值为假。在 EXISTS 引入子查询时，在子查询的 SELECT 投影列表中可以指定多个表达式。

【例 4-39】从学生管理数据库 StuInfo 中查询出选择"Java 语言"课程的学生。

```
USE StuInfo
GO
SELECT DISTINCT 学号
FROM Student
WHERE EXISTS
  (SELECT * FROM Course WHERE 课程名='Java 语言')
GO
```

程序执行结果如下。

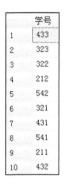

	学号
1	433
2	323
3	322
4	212
5	542
6	321
7	431
8	541
9	211
10	432

4.3.2　联合查询

联合查询是指将多个 SELECT 语句返回的结果通过 UNION 操作符组合到一个结果集中。参与查询的 SELECT 语句中的列数和列的顺序必须相同，数据类型也必须兼容。

语法：SELECT_1 UNION [ALL]
SELECT_2{UNION[ALL]
SELECT_3}
…

其中，ALL 是指查询结果包括所有的行，如果不使用 ALL，则系统自动删除重复行。

在联合查询中，查询结果的列标题是第一个查询语句中的列标题。如果希望结果集中的行按照一定的顺序排列，则必须在最后一个有 UNION 操作符的语句中使用 ORDER BY 子句指定排列方式，且使用第一个查询语句中的列名、列标题或列序号。

4.4　本章小节

在本章中，主要讲述了数据检索的知识，介绍了 SELECT 查询语句执行查询的各种方法和技巧。通过本章的学习，读者应该掌握下列一些内容。

● 掌握 SELECT 查询语句的基本结构。在 SELECT 查询语句中，SELECT 子句指定查询的特定表中的列，FROM 子句指定查询的表，WHERE 子句指定查询的条件。

● 掌握列别名及表别名的表示方式。

● 学会使用 INTO 子句生成新的表，使用 ORDER BY 子句进行数据排序。

● 学会使用关系运算符、逻辑运算符、范围运算符、模式匹配运算符、列表运算符和空值判断符过滤查询结果。

- 使用分组子句 GROUP BY 和 HAVING。
- 掌握连接查询的 5 种类型：内连接、外连接、自连接、交叉连接和多表连接。
- 使用子查询、联合查询的方法。

4.5 实训项目三 数据查询

4.5.1 实训目的

（1）掌握 SELECT 查询语句的基本语法。

（2）掌握 SELECT 查询语句的 INTO、GROUP BY、ORDER BY 等子句的作用和使用方法。

（3）掌握数据汇总的方法。

（4）掌握连接查询、子查询和联合查询的使用方法。

（5）能够根据实训的具体情况，灵活地运用各种 SELECT 查询语句对数据表进行查询。

4.5.2 实训要求

（1）对 LibManage 数据库进行各种数据查询、数据汇总和连接查询等操作。

（2）所有操作都基于 Book、Reader 和 Library 3 个表。

（3）记录完成实验的具体操作步骤和所使用的命令序列。

（4）记录实验结果，并对实验结果进行分析。

4.5.3 实训内容及步骤

使用 T-SQL 语句完成下列查询任务。

（1）查询所有读者的详细信息，并按年龄降序排列。

```
USE LibManage
GO
SELECT * FROM Reader ORDER BY 年龄 DESC
GO
```

注意：ORDER BY 和 "*" 的使用。如果本题按照年龄升序排列，程序又是什么？

（2）查询所有读者的姓名、年龄、书名和借阅日期。

```
USE LibManage
GO
SELECT 姓名,年龄,书名,借阅日期
FROM Book,Reader,Library
WHERE Book.书号= Library.书号
AND Reader.借书证号= Library. 借书证号
GO
```

注意：多表连接查询的使用。

（3）统计读者人数。

```
USE LibManage
GO
SELECT COUNT(借书证号)
FROM Reader
GO
```

（4）查询所有年龄大于 30 岁的男读者信息。

```
USE LibManage
GO
SELECT * FROM Reader
WHERE 年龄>30 AND 性别='男'
GO
```

（5）查询所有 2014 年出版的图书的信息。

```
USE LibManage
GO
SELECT * FROM Book
WHERE 出版日期>=2014-1-1
GO
```

（6）统计读者的平均年龄。

```
USE LibManage
GO
SELECT AVG(年龄)
FROM Reader
GO
```

（7）显示借阅《网络数据库》的读者。

```
USE LibManage
GO
SELECT 姓名 FROM Reader JOIN Library ON Reader.借书证号=Library.借书证号
   JOIN Book ON Reader.书号=Book.书号  where Book.书名='网络数据库'
GO
```

思考与练习

根据 LibManage 数据库的 3 个表 Book、Reader 和 Library，使用 T-SQL 语句完成下列查询任务。

（1）查询所有男读者的姓名、年龄和工作单位。

（2）查询所有女读者的详细信息和总人数。

（3）查询图书"网络数据库"的出版社、借阅者和借阅日期。

（4）查询所有"齐"姓读者借阅的图书和借阅日期。

（5）将 Reader 表中的前 4 条记录在借书证号、姓名、联系电话字段上的值插入新表 Reader1 中。

4.6 课后练习

一、选择题

1. SQL 查询语句中，FROM 子句中可以出现（   ）。

A. 数据库名　　　　　　　　B. 表名

C. 列名　　　　　　　　　　D. 表达式

2. 在模糊查询中，与关键字 LIKE 匹配的表示任意长度字符串的符号是（   ）。

A. N*1　　　　　　　　　　B. 1*N

C. N*M　　　　　　　　　　D. M*M

3. 可以有（　　）种方法定义列的别名。

A. 1　　　　　　　　　　　　B. 2

C. 3　　　　　　　　　　　　D. 4

4. 使用聚合函数时，把空值计算在内的是（　　）。

A. COUNT(*)　　　　　　　　B. SUM

C. MAX　　　　　　　　　　 D. AVG

5. 按一列或多列对查询结果进行升序排序的是（　　）。

A. DESC　　　　　　　　　　B. AVG

C. MAX　　　　　　　　　　 D. ASC

6. 按一列或多列对查询结果进行降序排序的是（　　）。

A. DESC　　　　　　　　　　B. AVG

C. MAX　　　　　　　　　　 D. ASC

二、填空题

1. 在 T-SQL 语句中，SELECT 子句用于指定_____，WHERE 子句用于指定_____。

2. ORDER BY 子句中，选项 ASC 表示_____，DESC 表示_____。

3. 在 T-SQL 语句中，DISTINCT 关键字的作用是_____。

4. 在 GROUP BY 子句中，WITH CUBE 选项的作用是_____。

5. COMPUTE 子句用于对列进行聚合函数计算并生成汇总值，汇总的结果以_____形式出现。

6. SELECT 查询语句至少包含两个子句：_____和_____，_____子句指定要查询的特定表中的列，_____子句指定查询的表。

7. 内连接指的是返回参与连接查询的表中所有匹配的行，在 ANSI 连接形式中使用关键字_____表示。

三、判断题

1. 在 FROM 子句同时指定多个表或视图时，如果选择列表中存在同名列，这时应使用对象名限定这些列所属的表或视图。（　　）

2. 用户在查询数据库时必须检索全部的数据。（　　）

3. WHERE 子句用于指定搜索条件，过滤不符合查询条件的数据记录。（　　）

4. 通配符 "_" 代表任意多个字符，通配符 "%" 代表一个任意字符。（　　）

5. 在数据库的表中，不允许出现空值。（　　）

6. WHERE 搜索条件能包括集合函数。（　　）

7. 内连接消除了与另一个表中不匹配的数据行。（　　）

四、简答题（针对本章例题中使用的 StuInfo 数据库进行查询）

1. 查询 Student 表中前 5 行学生的姓名和所学专业。

2. 查询 Course 表中所有的学分，去掉重复值。

3. 从学生表 Student 中查询出 1991 年 1 月 1 日以后出生的女学生的信息。

4. 从学生表 Student 中查询学号为 321 和 432 的学生信息。

5. 从学生表 Student 中查询出各民族的学生总数，要求查询结果显示民族和人数两个列。

6. 从学生表 Student 中查询出各民族的男女生数。

7. 从学生表 Student 中查询出各民族的女生数。

8. 从学生表 Student 中查询出生日期并按从大到小排序。

9. 从表 Student 和表 Score 中查询出学生的考试情况，包括没有参加考试的学生情况，显示学号、姓名、所学专业、课程号和成绩列。

10. 从学生管理数据库 StuInfo 中查询出学生的姓名、性别和所学专业。

第 5 章
索引及视图

教学提示

本章介绍了索引及视图的基础知识，包括索引的概念、使用 SSMS 与 T-SQL 语句分别进行索引的创建及管理、关系图的创建及管理、视图的概念，以及视图的基本操作。通过本章的学习，可以掌握索引的创建与使用、视图的应用，为数据库的开发与维护打下良好的基础。

教学目标

- 了解索引的基本概念
- 掌握索引的创建及管理方法
- 掌握关系图的创建及管理方法
- 了解视图的概念
- 掌握视图的基本操作

5.1 索引的概念

索引是有效组织表数据的方式，通过索引可以快速查找到表中的信息。

5.1.1 索引的概述

当想要查找某本书籍的内容时，面对整本书，我们不会一个一个地搜索寻找所需要的内容，而是需要寻求书籍索引的帮助。数据库的索引与书籍的索引类似，在查找所需的数据时，不需要对整个数据表进行扫描，仅需要数据库应用程序使用索引快速找到指定的数据。

因此，索引是一种可以加快检索的数据库结构，包含从表或视图的一列或多列生成的键值，以及映射到指定数据存储位置的指针。良好的索引，不仅可以提高数据查询效率，而且还可以保证列的唯一性，从而确保数据的完整性。

5.1.2 索引的分类

SQL Server 2012 中的索引有两种：聚集索引(Clustered)和非聚集索引（Nonclustered），两者的区别是在物理数据存储的方式上。同时，索引又可再分为唯一索引和不唯一索引。

聚集索引：基于数据行的键值，在表内排序和存储这些数据行。每个表只能有一个聚集索引，因为数据行只能按一个顺序存储。在聚集索引中，表中各行的物理顺序与索引键值的索引顺序相同。

非聚集索引：根据键值的大小对行进行逻辑排序，表中的数据并不按照非聚集索引列的顺序存储，但非聚集索引的索引行中保存了非聚集键值和行定位器，可以快捷地根据非聚集键的值来定位记录的存储位置。

因此，聚集索引的查找速度要明显高于非聚集索引。但是，一个表中只能有一个聚集索引，如果需要在表中建立多个索引，则可以选择创建非聚集索引。一般情况下，首先创建聚集索引，然后创建非聚集索引。因为创建聚集索引会影响到表中行的顺序，从而影响到非聚集索引。

5.1.3　索引的优缺点及创建原则

创建索引可以为查找数据带来快捷，是否可以为每一列都创建一个索引呢？这就要从索引的优缺点来谈论了。

索引的优点：通过创建唯一索引，可以保证数据库表中每一行数据的唯一性；可以加快数据的查询速度；实现数据的参照完整性，可以加速表与表之间的连接；使用分组和排序字句进行数据查询时，可以显著减少查询中分组和排序的时间。

索引的缺点：创建和维护索引要消耗时间，并且随着数据量的增加所耗费的时间也会增加；索引需要占用磁盘空间，除了数据表占数据空间外，每一个索引还要占一定的物理空间，如果有大量的索引，索引文件可能比数据文件更快到达最大文件尺寸；对数据表中的数据进行增删改的时候，索引也要动态地维护，降低了数据的维护速度。

综上所述，答案是否定的。对于索引的建立，我们一般遵循以下原则。

（1）索引数量要合理，一个表中如果有大量的索引，不仅会占用大量的磁盘空间，同时也会影响 INSERT、DELETE、UPDATE 等语句的性能。

（2）对经常更新的表，索引尽可能少。而对经常用于查询的字段应该创建索引，但要避免添加不必要的字段。

（3）数据量小的表最好不要使用索引，由于数据较少，查询花费的时间可能比遍历索引的时间还要短，索引可能不会产生优化效果。

（4）在条件表达式中经常用到的、不同值较多的列上建立索引，在不同值少的列上不要建立索引。

（5）当唯一性是某种数据本身的特征时，指定唯一索引。使用唯一索引能够确保定义的列的数据完整性，提高查询速度。

（6）在频繁进行排序或分组的列上建立索引，如果待排序的列有多个，可以在这些列上建立组合索引。

5.2　索引的创建及管理

SQL Server 2012 提供了使用 SSMS 及 T-SQL 创建索引的方法。

5.2.1　使用 SSMS 创建索引

在 SQL Server 2012 中可以通过 SQL Server Management Studio 创建索引，下面举例说明创建索引的方法。

【例 5-1】为了提高查询相关学生信息的速度，创建以学生姓名进行查询的索引，在数据库"StuInfo"中为表"Student"创建一个非聚集，唯一索引的"StuIndex"，索引键为"姓名"，升序排列。建立索引操作步骤如下。

（1）打开[对象资源管理]，单击展开"[数据库]-[StuInfo]-[dbo.Student]-[索引]"节点，右键单击弹出菜单"[新建索引]-[非聚集索引]"命令，如图5-1所示。

注意：在默认情况下，主键会被自动创建成一个聚集索引。根据前面所讲聚集索引仅有一个，因此如果需要创建聚集索引时，就需要先把自动创建的那个默认聚集索引删除。

（2）在弹出的[新建索引]窗口输入索引名称"StuIndex"，勾选"唯一"，如图5-2所示。

图5-1　新建索引菜单

图5-2　新建索引对话框

（3）单击"添加"按钮，选择要添加到索引中的表列"姓名"，如图5-3所示。完成后单击"确定"按钮，返回[新建索引]窗口。

（4）在[新建索引]设置索引排列顺序"升序"，如图5-4所示。

图5-3　选择索引列

图5-4　设置索引排序

（5）单击"确定"按钮，完成新建索引。在[对象资源管理器]窗口中，查看索引，如图5-5所示。

注意：如果按照要求创建索引后，查看索引发现不存在，右键单击选择"刷新"，新创建的索引就会出现。

5.2.2　使用 SSMS 删除索引

打开[对象资源管理器]窗口，单击展开"[数据库]-[StuInfo]-[dbo.Student]-[索引]"节点，右键单击要删除的索引，在弹出菜单中选择"删除"命令或者直接选中后按"Delete"键删除，如图 5-6 所示。

图 5-5　查看索引　　　　　图 5-6　删除索引

5.2.3　使用 T-SQL 语句创建索引

在 SQL Server 2012 中，使用 CREATE INDEX 语句创建索引，语法如下。

```
CREATE [UNIQE][CLUSTERED|NONCLUSTERED] INDEX index_name
--UNIQUE:创建唯一索引
--CLUSTERED|NONCLUSTERED：创建聚集索引|创建非聚集索引
--index_name：索引名
ON table_name (column_name[ASC|DESC][,…])
--table_name:需要创建索引表的名称
--column_name：索引列的名称
-- ASC|DESC:索引列是按升序|降序排列，默认为升序。
```

注意：本章使用的 T-SQL 语法是进行删节筛选的，因此所示较为基础，如果需要详细介绍可以查看联机帮助。

如何根据上面所学到的语法创建索引，下面举例说明。

【例 5-2】将上节使用 SSMS 创建的索引，通过 T-SQL 命令创建。

单击"新建查询"按钮，在[查询编辑器]中输入以下代码。

```
USE StuInfo
GO
CREATE UNIQUE NONCLUSTERED INDEX StuIndex
ON Student(姓名 ASC)
```

输入完毕后，单击"▮"执行按钮，然后在[对象资源管理器]窗口中，单击展开"[数据库]-[StuInfo]-[dbo.Student]-[索引]"节点，查看新建索引"StuIndex"。

同步训练：为了提高依据学号查询学生相关信息的速度，在数据库"StuInfo"中为表"Student"创建一个聚集，不唯一索引的"NumIndex"，索引键为"学号"，降序排列。

```
USE StuInfo
GO
CREATE NONCLUSTERED INDEX NumIndex
ON Student(学号 DESC)
```

最终创建的索引如图 5-7 所示。

图 5-7   查看使用 T-SQL 创建的索引

5.2.4   使用 T-SQL 语句删除索引

在 SQL Server 2012 中，使用 DROP INDEX 语句删除索引，语法如下。

```
DROP INDEX<table_name>.<index name>
--table_name：需要删除索引表的名称
--index_name:需要删除的索引名
或者也可使用:
DROP INDEX<index name>ON<table_name>
```

注意：<table_name>.<index name>中间有一个点，不要忘记。

如何根据上面所学到语法删除索引，下面举例说明。

【例 5-3】通过 T-SQL 命令删除 "StuIndex" 索引。

单击 "新建查询" 按钮，在[查询编辑器]中输入以下代码。

```
USE StuInfo
GO
DROP INDEX Student.StuIndex
或者
USE StuInfo
GO
DROP INDEX StuIndex ON Student
```

输入完毕后，单击执行按钮，然后在[对象资源管理器]窗口中，单击展开 "[数据库]-[StuInfo]-[dbo.Student]-[索引]" 节点，查看索引 "StuIndex" 是否删除。

同步训练：通过 T-SQL 命令删除 "NumIndex" 索引。

```
USE StuInfo
GO
DROP INDEX Student.NumIndex
或者
USE StuInfo
GO
DROP INDEX NumIndex ON Student
```

5.3   关系图的创建及管理

SQL Server 2012 建立表的关系，即引用完整性约束，用一个表中的外键参照另一个表的主键，将表和表之间关联起来。

5.3.1　建立关系图

下面举例说明如何创建关系图。

创建学生管理数据库"StuInfo"的关系图。

（1）打开[对象资源管理器]，单击展开"[数据库]–[StuInfo][数据库关系图]"节点，右键单击弹出菜单"[新建数据库关系图]"命令，如图 5-8 所示。

注意：有时新建数据库关系图经常会出现以下问题，如图 5-9 所示。

图 5-8　新建数据库关系图

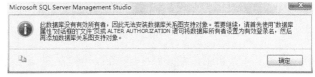
图 5-9　无法新建数据库关系图

解决方案为：单击[新建查询]执行下面 T-SQL 语句即可。

```
USE [数据库名称]
EXEC sp_changedbowner 'sa'
```

（2）弹出添加表对话框，选择所需要的表，如图 5-10 所示。

图 5-10　添加表对话框

（3）单击"确定"按钮，所选表以图形方式显示在新建数据库关系图中，如图 5-11 所示。

（4）根据主键与外键，建立主表与子表的关系。对于 Student 表和 Score 表来说，Score 的学号字段引用了 Student 的学号字段，因此 Student 表为主表，Score 表为子表。选择 Score 表，单击右键，弹出菜单，选择"关系"命令，如图 5-12 所示。

图 5-11　新建数据库关系图

图 5-12　选择"关系"命令

（5）单击"添加"按钮，添加关系名称，修改名称为"FK_Score_Student"，如图 5-13 所示。

（6）选择"表和列规范"，单击"..."按钮，弹出"表和列"窗口，单击主键表下拉菜单，选择 Student 表，选择"学号"，如图 5-14 所示。

图 5-13　外键关系

图 5-14　表和列窗口

注意：也可以在关系图创建区域新建主键-外键关系，左键选中子表主键列，按住左键不放，拖动至主表主键字段，弹出图 5-13 和图 5-14 窗口，确认主键与外键后，关系图即创建成功。

（7）单击"确定"按钮，返回"表和列"窗口，单击关闭，如图 5-15 所示。

（8）按照上述方法完成 Score 表和 Course 表的关系，结果如图 5-16 所示

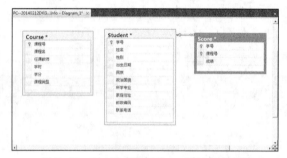

图 5-15　Student 表和 Score 表之间的关系

图 5-16　Score 表和 Course 表之间的关系

（9）右键单击关系图标签，弹出菜单，选择"保存"命令，输入关系图名称，保存关系图，如图 5-17 所示。

图 5-17　保存关系图

5.3.2　关系图的管理

1．查看及编辑关系图

打开[对象资源管理器]窗口，单击展开"[数据库]-[数据库关系图]"节点。双击要打开的数据库关系图的名称或右键单击要打开的数据关系图的名称，在弹出的菜单中选择"修改"命令，打开该数据库关系图，即可编辑关系图，如图 5-18 所示。

2．删除数据库关系图

打开[对象资源管理器]窗口，单击展开"[数据库]-[数据库关系图]"节点。右键单击需要删除的数据关系图的名称，在弹出的菜单中选择"删除"命令。

注意：数据库关系图删除时，不会删除关系图中的任何一个表。

3．查看数据库关系图属性

根据上面所述，打开想要查看的数据库关系图,选择SSMS窗口菜单"[视图]-[属性窗口]"，即可查看该关系图的属性，如图5-19所示。

图 5-18　打开及编辑关系图　　　　图 5-19　关系图属性

5.4　视图的概念（view）

假如根据"StuIndex"数据库查看一张表，表的内容包括：学生的学号、姓名、所选课程、成绩。数据库已知的表是不能满足这些条件的，但是可以根据需求获得想要查看的表，这时就需要创建视图。

视图（view）和表类似，但不是真正存在的物理表，是一种虚拟表，是根据查询定义，由一个或多个表的行或列的子集创建。

因此，视图有以下特点。

（1）视图的行和列可以来自不同的表。

（2）视图是由数据库的表产生的虚拟表。

（3）视图的建立和删除不影响实体表，但对于视图数据的修改会直接影响表。

视图的作用如下。

（1）简化操作。通过创建视图可以方便用户访问多个表中的数据，对于开发人员调试视图更为轻松。

（2）提高安全性。通过创建视图，选择用户可以查询修改的数据，防止未经许可的用户访问敏感数据。

5.5　视图的基本操作

SQL Server 提供了视图的 SSMS 操作方法及 T-SQL 语句方法。

5.5.1　使用 SSMS 创建视图

下面举例说明如何利用 SSMS 创建视图。

【例 5-4】我们要查看学生的成绩信息，其中包括学号、姓名、课程名称和成绩。操作步骤如下。

（1）打开[对象资源管理器]，单击展开"[数据库]-[StuInfo]-[视图]"节点，右键单击弹出菜单"[新建视图]"命令，如图5-20所示。

（2）弹出"添加表"窗口，选择所需要的表：Course表、Score表、Student表。单击"添加"按钮，如图5-21所示。

图 5-20　新建视图　　　　　　　　　　　　图 5-21　添加表

（3）单击"关闭"按钮，选择创建视图所需的字段、学号、姓名、课程名称和成绩，如图5-22所示。

注意：所选字段的排列顺序可以通过鼠标拖动列名来更改。

（4）右键单击创建视图区域，弹出菜单，选择"执行SQL"命令，查看结果，如图5-23所示。

图 5-22　指定视图条件　　　　　　　　　　图 5-23　执行 SQL 命令的结果

（5）右键单击视图选项卡，弹出菜单，选择"保存"命令，或者单击工具栏"保存"按钮，弹出"选择名称"，输入新的视图名称，单击"确定"按钮完成视图创建，如图5-24所示。

图 5-24　选择名称

5.5.2　使用 SSMS 查询视图

创建视图后，我们可以像查询表一样查询视图，下面举例说明如何利用SSMS查询视图。

【例 5-5】查询"学生成绩表"视图中课程为数据库，并按成绩升序排列的学生成绩表。

（1）打开[对象资源管理器]，单击展开"[数据库]-[StuInfo]-[视图]"节点，选择学生成绩表，单击右键，在弹出菜单中选择"设计"命令，如图 5-25 所示。

（2）将列名为"课程名"的"筛选器"设置为='数据库'，排序类型设置为"升序"，如图 5-26 所示。

图 5-25　选择"设计"命令

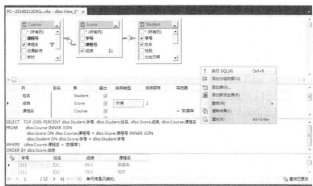

图 5-26　查询视图

（3）单击"执行 SQL"命令，得到查询结果，如图 5-27 所示。如果查询结果正确，保存视图。

学号	姓名	成绩	课程名
212	刘军	77.0	数据库
211	王红	89.0	数据库

图 5-27　查询结果

注意：使用 SSMS 修改视图与查询方法基本相同。操作步骤为：打开[对象资源管理器]，单击展开"[数据库]-[StuInfo]-[视图]"节点，选择待修改视图，单击右键，在弹出菜单中选择"设计"命令，修改完毕后保存视图。

5.5.3　使用 SSMS 删除视图

【例 5-6】利用 SSMS 删除视图，操作步骤如下。

（1）打开[对象资源管理器]，单击展开"[数据库]-[StuInfo]-[视图]"节点，选择要删除的视图，单击右键，在弹出菜单中选择"删除"命令，也可以按 Delete 键或者选择[菜单]-[删除]命令，如图 5-28 所示。

（2）弹出[删除对象]窗口，单击"确定"按钮即可删除视图，如图 5-29 所示。

图 5-28　删除命令

图 5-29　删除视图

5.5.4　使用 T-SQL 语句创建视图

在 SQL Server 2012 中，使用 T-SQL 创建视图，语法如下。

```
CREATE VIEW view_name
--view_name:创建视图的名字
AS
<SELECT 语句 >
```

【例 5-7】在前几节通过 SSMS 创建视图，现在使用 T-SQL 语句创建与"学习成绩表"要求相同的视图，操作步骤如下。

（1）单击"新建查询"按钮，在[查询编辑器]中输入以下代码。

```
USE StuInfo
GO
CREATE VIEW 学习成绩表
--制定视图名称
AS
SELECT Student.学号 , Student.姓名 , Course.课程名 , Score.成绩
--选择对应表上查询的列
FROM       Student INNER JOIN
           Score ON Student.学号 = Score.学号 INNER JOIN
           Course ON Score.课程号 = Course.课程号
--主键与外键连接
GO
```

（2）输入完毕后，单击"执行 "按钮，然后在[对象资源管理器]窗口中单击展开"[数据库]-[StuInfo]-[视图]"节点，查看视图"学习成绩表"是否存在。

5.5.5　使用 T-SQL 语句查询视图

在 SQL Server 2012 中，T-SQL 查询视图的操作与查询表的操作一样,最简单的语法如下。

```
SELECT<列名>
FROM<表名>
WHERE  <查询条件表达式>
ORDER BY <排序的列明> [ASC|DESC]
```

【例 5-8】现在使用 T-SQL 语言去创建与 5.5.2（查询学生成绩表视图中课程名为"数据库"，并按成绩升序排列的学生成绩表）相同要求的查询，操作步骤如下。

（1）单击"新建查询"按钮，在[查询编辑器]中输入以下代码。

```
SELECT 学号 , 姓名 , 课程名 , 成绩
--选择查询的列名
FROM 学习成绩表
--选择查询视图名称
WHERE 课程名 = ' 数据库 '
--选择课程名称为数据库
ORDER BY 成绩 ASC
--选择的数据按照成绩升序排列
```

（2）输入完毕后，单击"执行 "按钮，查看结果，如图 5-30 所示。

图 5-30　查询结果

在前面的学习中，学会了使用 SSMS 修改视图。同样在 SQL Server 2012 中，可以使用 T-SQL 的 ALTER VIEW 语句修改视图，语法如下。

```
ALTER VIEW <视图名>[(<视图名称列表>)]
AS
<SELECT 语句>
```

下面举例说明如何利用 T-SQL 语句修改视图。

【例 5-9】修改"学生成绩表"视图，将原有学号删除，只包括姓名、课程名和成绩。步骤如下。

（1）单击"新建查询"按钮，在[查询编辑器]中输入以下代码。

```
ALTER VIEW 学习成绩表
--修改视图名称
AS
SELECT 姓名 , 课程名 , 成绩
--修改视图包括姓名,课程名,成绩
FROM Student , Score , Course
WHERE Student.学号 = Score.学号 and Score.课程号 = Course.课程号
```

（2）输入完毕后，单击"执行 ▮"按钮，修改结果如图 5-31 所示。

图 5-31　修改结果

5.5.6　使用 T-SQL 语句删除视图

在 SQL Server 2012 中，T-SQL 删除视图的语法如下。

```
DROP VIEW <视图名>
```

下面举例说明如何利用 T-SQL 语句删除视图。

【例 5-10】利用 T-SQL 语句删除"学习成绩表"视图。

（1）单击"新建查询"按钮，在[查询编辑器]中输入以下代码。

```
DROP VIEW 学习成绩查询
```

（2）输入完毕后，单击"执行 ▮"按钮，然后在[对象资源管理器]窗口中，单击展开"[数据库]-[StuInfo]-[视图]"节点，查看视图"学习成绩表"是否存在。

注意：视图删除后，与该视图相关的表上数据不会受到影响。但由该视图创建的其他视图仍然存在，但没有任何意义，因此尽可能删除，以避免浪费存储空间。

5.6　本章小节

本章主要讲解了索引及视图的基本概念和具体使用方法。通过本章的学习，应该了解、掌握如下知识。

（1）了解索引的基本概念，包括什么是索引、创建索引的意义、索引的分类、索引的优缺点及创建索引的基本原则。

（2）掌握索引的创建及管理方法，能够熟练使用 SSMS 和 T-SQL 语句，创建、修改、删除索引。

（3）了解关系图的基本概念，掌握建立关系图的方法，以及建立完关系图后，如何进行管理，其中包括如何查看关系图、如何修改关系图、如何删除关系图、查看关系图属性。

（4）了解视图的基本概念，包括视图的作用、视图与实体表之间的差别与联系、视图的特点。

（5）掌握视图的基本操作，能够使用 SSMS 和 T-SQL 语句，创建、查询、删除视图。

5.7 实训项目四 索引及视图的建立和管理

5.7.1 实训目的

（1）熟练掌握使用 SSMS 和 T-SQL 语句创建、修改和删除索引，加深理解聚集索引和非聚集索引的区别。

（2）熟练掌握创建关系图的方法。

（3）熟练掌握使用 SSMS 和 T-SQL 语句创建、查询、修改、删除视图。

（4）进一步掌握视图与实体表之间的联系与区别。

5.7.2 实训要求

（1）实训前认真复习本章节所学知识，针对实训的内容，对于例题做到理解掌握，认真做好上机实训的准备。

（2）能够独立完成实训内容，达到实训要求。

（3）实训结束后，根据实训所做情况完成实训报告。

5.7.3 实训内容及步骤

1．实训内容

（1）根据前面实训所创建的图书管理数据库"LibManage"，利用 SSMS 为表"Reader"创建非聚集，不唯一索引"NameIndex"索引键为"姓名"，升序排列。创建后查看索引是否成功创建，查看成功后删除"Reader"表中默认生成的索引，即以主键"借书证号"生成的索引。

（2）使用 T-SQL 语句，创建聚集，唯一索引"NumIndex"索引键为"借书证号"，升序排列。创建后查看"Reader"表，体会一下非聚集索引与聚集索引的区别，然后删除该索引。

（3）创建图书管理数据库"LibManage"关系图。

（4）使用 SSMS，创建"读者信息"视图，其中包括借书证号、姓名、借阅日期、书名。
创建成功后，查找读者"钟凯"借书书名，借阅日期。最后使用 SSMS 删除"读者信息"视图。

（5）使用 T_SQL 语句，完成所有步骤。

2．实训步骤

（1）打开[对象资源管理器]，单击展开"[数据库] -[LibManage]- [Reader] - [索引]"节点，右键弹出菜单"[新建索引]-[非聚集索引]"命令，修改索引名称为"NameIndex"，添加索引键"姓名"，选择升序排列，创建完成后查看该索引，然后删除默认索引。

（2）单击"新建查询"按钮，在[查询编辑器]中输入以下代码。

```
USE LibManage
GO
CREATE UNIQUE CLUSTERED INDEX NumIndex
```

```
ON Reader (借书证号 ASC)
```

执行代码,在[对象资源管理器]查看是否创建该索引。

执行以下代码进行删除。

```
USE LibManage
GO
DROP INDEX Reader.NumIndex
```

(3)打开[对象资源管理器]窗口,单击展开"[数据库]-[LibManage][数据库关系图]"节点,创建新数据库关系图,结果如图5-32所示。

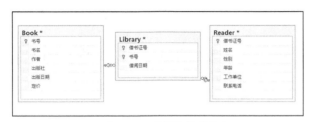

图 5-32 数据库关系图

(4)打开[对象资源管理器],单击展开"[数据库]-[LibManage]-[视图]"节点,选择借书证号、姓名、借阅日期、书名,如图5-33所示。

图 5-33 新建视图

创建成功后,将姓名行,筛选器。输入"='钟凯'",执行查看结果,最后删除索引。

(5)单击"新建查询"按钮,在[查询编辑器]中输入以下代码。

```
USE LibManage
GO
CREATE VIEW 读者信息
AS
SELECT Book.书号 , Library.借阅日期 , Reader.借书证号 , Reader.姓名
FROM      Book INNER JOIN
          Library ON Book.书号 = Library.书号 INNER JOIN
          Reader ON Library.借书证号 = Reader. 借书证号
GO
```

查询读者"钟凯"执行以下代码。

```
SELECT 书号,借阅日期,借书证号,姓名
FROM 读者信息
WHERE 姓名 = ' 钟凯 '
```

删除"读者信息"视图执行代码。

```
DROP  VIEW 读者信息
```

5.8 课后习题

一、选择题

1.( ) 要对数据进行排序。

A. 聚集索引 B. 非聚集索引

C. 组合索引 D. 唯一索引

2.以下关于视图的说明，正确的是（ ）。

A. 无法定制不同的用户对于数据库数据不同的需求

B. 视图不能用于连接多表

C. 视图可以进行修改，而且修改数据以后不会影响数据库中的表

D. 视图的存储位置与表的存储位置是一样的

二、填空题

1. 升序用关键字 ASC 表示，降序使用_____ 关键字表示。

2. 按照索引的存放位置可以分为_____与_____。

3. 在 SQL Server 2012 中，_____是一种可以加快检索速度的方式，其作用是提高数据库查询数据性能。

4. _____是由_____语句组成的虚表，可以选择原始数据库数据，是查看表中数据的另一种方式。

三、简答题

1. 简述索引是什么、分类及优缺点。

2. 简述视图是什么?

3. 如果数据数量比较大，数据库如何进行查找优化?

第 6 章
T-SQL 应用编程

教学提示

　　本章介绍了 T-SQL 语句的基础知识，包括 T-SQL 的编程基础，常量、变量、运算符和函数的使用，顺序、选择、循环结构下不同的流程控制语句，以及事务的概念及其使用方法。通过本章的学习，可以逐步熟悉 T-SQL 语言，逐渐走入编程的世界，为下一章节的学习打下良好的基础。

教学目标

- 了解 T-SQL 语句的基本信息
- 掌握常量、变量的类型和运算符的使用方法
- 熟练使用函数和各类流程控制语句
- 能够灵活使用事务解决数据库操作问题

6.1 编程基础

　　使用 Transact-SQL 进行程序设计是 SQL Server 的主要应用形式之一。

6.1.1 T-SQL 简介

　　SQL 是关系数据库的标准语言，可以应用于几乎我们熟知的所有关系数据库并且无须做任何修改。Visual FoxPro、Oracle、Access 等数据库都可以很好地支持 SQL，而本章我们要学习的 T-SQL 是 SQL Server 系统产品所独有和专用的，是其他数据库不支持的。

　　T-SQL（Tranact Structured Query Language）是标准 Microsoft SQL Server 的扩展，是对标准 SQL 程序设计语言的功能进行增强的版本，是使用者通过程序与 SQL Server 进行沟通的主要语言。

　　T-SQL 语言一般由三部分组成。

　　（1）数据定义语言（Data Definition Language，DDL）。对数据库系统中的数据库、表、视图、索引等数据库对象进行创建和管理。

　　（2）数据控制语言（Data Control Language，DCL）。对数据库中的数据进行完整性、安全性等控制。

　　（3）数据操纵语言（Data Manipulation Language，DML）。对数据库中的数据进行常规的增、删、改、查操作。

6.1.2　T-SQL 语句结构

T-SQL 语句结构一般可归纳为：谓词+子句。谓词用来描述本条语句要实现的动作，比如 SELECT、DELETE 等谓词关键字。谓词后的子句提供谓词所要操作的数据或者对谓词动作的详细信息进行说明，每条子句都由一个关键字开始。SELECT 语句的主要结构如下所示。

```
SELECT 子句
[INTO 新表名]
[FROM 表名或视图名列表]
[WHERE 逻辑表达式]
[GROUP BY 列名列表]
[HAVING 逻辑表达式]
[ORDER BY 列名 [ASC|DESC]]
```

6.1.3　T-SQL 的注释

注释普遍存在于多种程序语言中，是程序员给代码添加的文字性说明，以提高代码的可读性或者用于诊断测试的程序语句。注释存在于程序代码中，但不能执行，用于描述程序名称、作者名称、变量功能说明、代码更改日期和说明、算法的解释说明等。在 SQL Server 中，支持两种注释的使用方式。

1．双连字符（--）注释方式

用于单行注释，从双连字符开始到行尾的内容都是注释内容。注释内容既可以跟程序代码处在同一行，也可以单独另起一行。若想用双连字符注释多行内容，把其中每一行都使用双连字符开头即可。双连字符的使用方法如下所示。

```
USE student    --打开 student 表
SELECT * FROM student
--此程序段功能是打开 student 表，选择表内的全部内容
--修改日期 2014 年 7 月 8 日
```

2．正斜杠星号字符（/*...*/）注释方式

用于多行注释，"/*"用于注释文字的开头，"*/"用于注释文字的结尾。这些注释字符既可以用于多行注释，也可以用于单行注释或与程序代码处在同一行。多行正斜杠星号字符注释不能跨越批处理，整个注释必须包含在一个批处理内。使用正斜杠星号字符注释的 SQL 语句如下所示。

```
USE student    /*打开 student 表*/
SELECT * FROM student
/*此程序段功能是打开 student 表，选择表内的全部内容
修改日期 2014 年 7 月 8 日*/
```

6.2　表达式

表达式是由常量、变量、函数和运算符构成的。

6.2.1　常量

任何一种程序设计语言都有常量和变量。这里所说的常量指的是数据在内存中存储始终不变化的量，其格式取决于它所表示的值的数据类型，也称为文字值或者标量值。在 SQL Server 2012 中，常量的类型主要有以下几种。

1．字符串常量

字符串常量括在单引号内并包含字母数字字符（a~z、A~Z 和 0~9）以及特殊字符，如感叹号 (!)、at 符 (@) 和数字号 (#)。

注意：如果单引号中的字符串包含一个嵌入的引号，可以使用两个单引号表示嵌入的单引号。

以下为字符串的示例。

```
'Process X is 50% complete.'    --单引号括住的内容为一个字符串
'O''Brien'                      --这个字符串是O'Brien
```

2．二进制常量

二进制常量具有前辍 0x 并且是十六进制数字字符串。这些常量不使用引号括起。

以下是二进制字符串的示例。

```
0xAE                 --十进制 174
0x12Ef               --十进制 4847
0x69048AEFDD010E     --十进制 29559867330855182
```

3．日期时间常量

日期时间常量是使用单引号括起来的日期时间型量。根据国家不同，时间日期的书写方式也不尽相同，2013 年 12 月 5 日有以下多种表示方法。

```
'December 5, 2013'
'5 December, 2013'
'131205'
'12/5/2013'
```

以下是时间常量的示例。

```
'14:30:24'
'04:24 PM'
```

4．货币常量

常量以前缀为可选的小数点和可选的货币符号的数字字符串来表示。货币常量不使用引号括起。

以下是货币常量的示例。

```
$15
$2345.16
```

5．整型常量

整型常量以没有使用引号括起来并且不包含小数点的数字字符串来表示。整型常量必须全部为数字，不能包含小数。

以下是整型常量的示例。

```
15
2345
```

6．实型常量

实型常量是使用定点和浮点两种方式来表示的数字。

以下是实型常量的示例。

```
15.3
5E-2        --表示的数字是 0.05
```

7．符号常量

除了用户提供的常量外，SQL 包含几个特有的符号常量，这些常量分别代表不同的常用数据。

以下是符号常量的示例。

```
CURRENT_DATE          --表示当前的系统日期
CURRENT_TIME          --表示当前的系统时间
```

6.2.2　变量

数据在内存中存储可以变化的量叫变量。为了在内存中存储程序需要的信息，用户必须指定存储信息的单元并为该单元命名，这就是变量所实现的功能。在 T-SQL 中可以使用的变量有两种，根据存储的数据作用范围不同分为局部变量和全局变量。

1. 局部变量

局部变量是由用户自定义的用来可以保存单个特定类型数据值对象，作用域局限在一定范围内的变量。局部变量的命名要满足 SQL Server 2012 的标识符命名规则，局部变量名必须以"@"开头。

一般来说，局部变量是在一个批处理（也可以是存储过程或触发器）中被声明或定义的。那么，在这个批处理中的 SQL 语句就可以设置这个变量的值，或者是引用一个已经被赋予值的变量。当这个批处理的语句执行完毕，也就是这个批处理结束后，在这个批处理中定义的局部变量的生命周期也就结束了。

局部变量的声明一般使用 DECLEAR 语句，其语法格式如下。

```
DECLARE @local_variable_name date_type
```

其中的各部分说明如下。

DECLARE：谓词，用来描述本条语句要实现的动作，即声明一个局部变量。

@local_variable_name：是局部变量的名称，必须以"@"开头，命名必须满足SQL Server 2012 的标识符命名规则。

date_type：局部变量的数据类型，可以是除了 text、ntext 和 image 类型以外的所有系统数据类型，也可以是用户自定义的数据类型。一般情况下，建议使用系统数据类型，这样可以减小后期维护应用程序时的工作难度。

例如，声明字符型的局部变量@stu_name、整型的局部变量@stu_age 和日期型的局部变量@stu_birthday 的 SQL 语句如下所示。

```
DECLARE  @stu_name  nchar(10)
DECLARE  @stu_age  int
DECLARE  @stu_birthday date
```

声明局部变量后，要为局部变量赋值。为局部变量赋值的方法一般有两种。

● SELECT 语句

使用 SELECT 语句为局部变量赋值语法格式如下。

```
SELECT @local_variable_name = expression
[FROM table_name
 WHERE clause]
```

SELECT：在这里的作用是给变量赋值，而不是从表中查询出数据。而且使用 SELECT 语句进行赋值的过程中，并不一定非要使用 FROM 关键字和 WHERE 子句。如果 SELECT 语句返回多个值，将把最后一个值赋予变量。如果 SELECT 没有返回值，变量保留当前值。如果 expression 是没有返回值的子查询，则将变量设为 NULL。

expression：是任意有效的 SQL Server 表达式。

使用 SELECT 语句为局部变量赋值的使用方法如下例所示。

```
USE student                          --打开 student 表
DECLARE  @stu_name  nchar(10)        --声明局部变量@stu_name
```

```
SELECT @stu_name =name FROM student WHERE age=18
--将 student 表中 age 为 18 的最后一条记录的 name 值赋给局部变量@stu_name
SELECT @stu_name='Tom'              -将字符常量'Tom'赋给局部变量@stu_name
```

- SET 语句

使用 SET 语句为局部变量赋值语法格式如下。

SET @local_variable_name = expression

可以使用 SET 为一个局部变量赋值，也可以同时为多个局部变量赋值。使用 SET 语句为局部变量赋值的使用方法如下例所示。

```
DECLARE  @stu_name  nchar(10)
DECLARE  @stu_age  int
DECLARE  @stu_birthday date
SET @stu_name='Tom'
SET @stu_age=18
SET @stu_birthday='12/5/1995'
```

2．全局变量

全局变量是系统自动提供并赋值的变量，用户无权参与定义和赋值。对于用户来说，全局变量的使用范围并不局限于某个程序，而是任何程序都可以随时调用的。全局变量通常存储着一些 SQL Server 的配置设定值和效能统计数据，可以将全局变量的值赋给自定义的局部变量，以方便保存和处理。

SQL Server 一共提供了 30 多个全局变量，所有全局变量都是以"@@"开头的。表 6-1 对一些常用的全局变量进行了说明。

表 6-1   全局变量表

全局变量	说明
@@CONNECTIONS	上次启动 SQL Server 以来连接或试图连接的次数
@@CPU_BUSY	自 SQL Server 最近一次启动以来 CPU 的工作时间，其单位为毫秒
@@CURSOR_ROWS	最后连接上并打开的游标中当前存在的合格行的数量
@@DBTS	当前数据库中 timestamp 数据类型的当前值
@@ERROR	最后执行的 Transact-SQL 语句的错误代码
@@FETCH_STATUS	上一次 FETCH 语句的状态值
@@IDENTITY	后插入行的标识列的列值
@@IDLE	自 SQL Server 最近一次启动以来 CPU 处于空闲状态的时间长短，单位为毫秒
@@IO_BUSY	自 SQL Server 最后一次启动以来 CPU 执行输入输出操作所花费的时间，单位为毫秒
@@LANGID	当前所使用的语言 ID 值
@@LOCK_TIMEOUT	当前会话等待锁的时间长短，单位为毫秒
@@MAX_CONNECTIONS	允许连接到 SQL Server 的最大连接数目
@@NESTLEVEL	当前执行的存储过程的嵌套级数，初始值为 0
@@PACK_RECEIVED	SQL Server 通过网络读取的输入包的数目

全局变量	说明
@@PACK_SENT	SQL Server 写给网络的输出包的数目
@@PROCID	当前存储过程的 ID 值
@@REMSEREVER	在登录记录中记载远程 SQL Serve 服务器的名称
@@ROWCOUNT	上一条 SQL 语句所影响到数据行的数目
@@SPID	当前用户处理的服务器处理 ID 值
@@TIMETICKS	每一时钟的微秒数
@@TOTAL_ERRORS	磁盘读写错误数目
@@TOTAL_READ	磁盘读操作的数目
@@TOTAL_WRITE	磁盘写操作的数目
@@TRANCOUNT	当前连接中处于激活状态的事务数目
@@VERSION	当前 SQL Serve 服务器安装日期、版本，以及处理器类型

6.2.3 运算符

运算符就是一种符号，用来说明表达式要执行的操作，进行常量、变量或者列之间的数学运算和比较操作，是 T-SQL 语言重要的组成部分。根据功能的不同，将运算符分为：赋值运算符、算术运算符、一元运算符、比较运算符、逻辑运算符、位运算符、连接运算符。各运算符的优先级如表 6-2 所示。

表 6-2   算符优先级

级别	运算符
1	( )（括号）
2	~
3	*、/、%
4	+、-（加减）；+、-（正负）；+（字符串连接）；&
5	=（等于）、>、<、!=、<>、>=、<=
6	|、^
7	NOT
8	AND
9	OR、BETWEEN...AND、IN、LIKE、EXISTS
10	=（赋值）

1. 值运算符

T-SQL 语言有一个赋值运算符=（等号），用于将数据赋给指定的对象，包括变量、列名等。

使用 T-SQL 语句进行赋值运算的语句如下所示。

```
DECLARE @x int
SET @x=9
```

2．算术运算符

算术运算符用于对两个数字数据类型的值进行数学运算，包括：+（加）、-（减）、*（乘）、/（除）、%（取余）。使用算数运算符需要注意以下几点。

当进行除运算的两个表达式都是整数时，其结果也是整数，小数部分丢失。

取余运算返回两个数相除后的余数，其两边的表达式必须都是整型数据。

加和减运算可以用于日期时间类型的数据。

使用 T-SQL 语句进行除和取余运算的语句如下所示。

```
DECLARE @x int,@y int,@z int,@m int
SET @x=9
SELECT @y=2
SET @z=@x/@y          --计算后@z 的值为 4
SET @m=@x%@y          --计算后@m 的值为 1
```

3．一元运算符

一元运算符是对一个表达式进行操作的运算符，包括：+（正）、-（负）、~（按位取非）。使用一元运算符应该注意正负运算可以用于任意数值类型的表达式，而按位取非运算符只能用于整型类型的表达式。

使用 T-SQL 语句进行负和按位取非运算的语句如下所示。

```
DECLARE @x int,@y int,@z int
SET @x=9
SET @y=-@x            --计算后@y 的值为-9
SET @z=~@x            --计算后@z 的值为 6
```

4．比较运算符

比较运算符用于测试两个表达式是否相同，可以用于除了 text、ntext 和 image 三种数据类型以外的所有表达式。其返回值有两种：TRUE 和 FALSE。比较运算符包括：=（等于）、>（大于）、<（小于）、!=（不等于）、<>（不等于）、>=（大于等于）、<=（小于等于）。

比较运算符的返回值称为布尔数据类型，和其他 SQL Server 数据类型不同，不能将布尔数据类型指定为表列或变量的数据类型，也不能在结果集中返回布尔数据类型。

例如，2>9 为 FALSE，6<>3 为 TRUE。

5．逻辑运算符

逻辑运算符用于对表达式进行逻辑运算，对某个条件进行测试，以获得其真实情况，其返回值为 TRUE 或 FALSE。常见的逻辑运算符包括：AND（与）、OR（或）、NOT（非）、BETWEEN...AND （范围运算符）、IN（列表运算符）、LIKE（模式匹配符）、IS NULL（空值判断）、EXISTS（存在运算符）。

使用 T-SQL 语句进行逻辑运算的语句如下所示。

```
USE student                       --打开 student 表
SELECT * FROM student WHERE age=18 AND sex='女'
--查询 student 表中 age 为 18 并且 sex 为'女'的纪录
```

6．位运算符

位运算符用于整型数据或二进制数据之间进行按位操作，包括：&（按位与）、|（按位或）、^（按位异或）。

例如，3&5=1，3|5=7，3^5=6。

7．连接运算符

连接运算符"+"用于将两个或两个以上的字符或二进制串、列名等连接在一起，将一个串加入另一个串的末尾。

使用 T-SQL 语句进行连接运算的语句如下所示。

```
DECLARE  @x  nchar(10),@y nchar(10),@z nchar(20)
SET @x='Hello'
SET @y='World'
SET @z=@x+' '+@y+'!'          --@z 的值为'Hello World!'
```

6.2.4　函数

函数对于任何一种程序设计语言来说，都是重要、关键并不可缺少的组成部分。下面对一些比较常见的函数进行介绍。

1．聚合函数

聚合函数对一组值进行计算并返回单个的值，通常与 SELECT 语句的 GROUP BY 子句一同使用，也可以和标量输入值一起使用。所有聚合函数均为确定性函数，即任何时候使用一组特定的输入值调用聚合函数，所返回的值都是相同的。

● AVG

AVG()函数用于返回一组数值中所有非空数值的平均值，用于数值数据类型。使用方法如下所示。

```
USE student                      --打开 student 表
SELECT AVG(age) AS 平均分 FROM student WHERE sex='女'
--返回 student 表中 sex 为'女'的所有纪录的 age 的平均值
```

● SUM

SUM()函数用于返回一组数值中所有非空数值的总和，用于数值数据类型。使用方法如下所示。

```
USE student                      --打开 student 表
SELECT SUM(score) AS 总分 FROM student WHERE sex='男'
--返回 student 表中 sex 为'男'的所有记录的 score 的和
```

● COUNT

COUNT()函数用于返回一个列内所有非空值的个数，这是一个整型值。使用方法如下所示。

```
USE student                      --打开 student 表
SELECT sex,COUNT(sex) AS 人数 FROM student GROUP BY sex
--返回 student 表中各种 sex 的个数
```

● MAX 和 MIN

MIN()函数用于返回一个列范围内的最小非空值；MAX()函数用于返回最大值。这两个函数可以用于大多数数据类型，返回的值根据对不同数据类型的排序规则而定。使用方法如下所示。

```
USE student                          --打开 student 表
SELECT MAX(age) AS 最大年龄,MIN(age) AS 最小年龄 FROM student  WHERE sex='男'
    --返回 student 表中 sex 为'男'的所有记录中 age 的最大值和最小值
```

2．数学函数

数学函数能够对数据类型为整型、实型、货币型等的列进行操作，返回值是 6 位小数。如果使用出错则返回 NULL 值并提示信息。常用的数学函数如表 6-3 所示。

表 6-3　　　　　　　　　　　　　　　　　常用数学函数表

数学函数	说明
ABS	返回一个数的绝对值
ACOS	计算一个角的反余弦值，以弧度表示
ASIN	计算一个角的反正弦值，以弧度表示
ATAN	计算一个角的反正切值，以弧度表示
ATN2	计算两个值的反正切，以弧度表示
CEILING	返回大于或等于一个数的最小整数
COS	计算一个角的正弦值，以弧度表示
COT	计算一个角的余切值，以弧度表示
DEGREES	将一个角从弧度转换为角度
EXP	指数运算
FLOOR	返回小于或等于一个数的最大整数
LOG	计算以 2 为底的自然对数
LOG10	计算以 10 为底的自然对数
PI	返回以浮点数表示的圆周率
POWER	幂运算
RADIANS	将一个角从角度转换为弧度
RAND	返回以随机数算法算出的一个小数
ROUND	对一个小数进行四舍五入运算，使其具备特定的精度
SIGN	根据参数是正还是负，返回-1 或者 1
SIN	计算一个角的正弦值，以弧度表示
SQRT	返回一个数的平方根
SQUARE	返回一个数的平方
TAN	计算一个角正切的值，以弧度表示

3．字符串函数

字符串函数用于计算、格式化和处理字符串参数，或将其他对象转换为字符串。常用的字符串函数如表 6-4 所示。

表 6-4　　　　　　　　　　　　　　　　　字符串函数

字符串函数	说明
ASCII(c1)	返回 c1 最左端字符的 ASCII 码值
CHAR(n)	将 ASCII 码转换为字符。如果 ASCII 码值不是字符，返回 NULL
LEFT(c1,n)	返回 c1 左起的第 n 个字符
LEN(c1)	返回 c1 的字符数，不包含尾随空格
LOWER(c1)	将 c1 中的大写字母转换为小写字母，返回字符表达式

字符串函数	说明
LTRIM(c1)	删除前导空格，返回字符表达式
REPLACE（c1,c2,c3）	用 c3 替换 c1 中出现的所有与 c2 匹配的项
RIGHT(c1,n)	返回 c1 右起的第 n 个字符
RTRIM(c1)	删除尾随空格，返回字符表达式
SPACE(n)	返回 n 个空格组成的字符串
SUBSTRING(c1,n1.n2)	返回 c1 从 n1 开始长度为 n2 的子串
UPPER(c1)	将 c1 中的小写字母转换为大写字母，返回字符表达式

4．日期和时间函数

日期和时间函数主要用来显示有关日期和时间的信息，操作 datatime、smalldatatime 类型的数据，日期和时间函数执行算术运行与其他函数一样，也可以在 SQL 语句中的 SELECT、WHERE 子句以及表达式中使用。常用的时间日期函数如表 6-5 所示。

表 6-5　　　　　　　　　　　　　日期和时间函数

日期和时间函数	说明
DATEADD	返回指定日期加上指定时间间隔后的值
DATADIEF	返回两个指定日期在指定事件类型上的差值
DATANAME	返回指定日期的指定部分对应的字符串
DATAPART	返回指定日期的指定部分对应的整数
DAY	返回指定日期中的天
GETDATE	返回当前的系统时间
GETUTCDATE	返回当前的 UTC 时间
MONTH	返回制定日期的月份
YEAR	返回制定时期的年份

5．系统函数

系统函数是数据类型转换和提供一些系统信息等功能的函数。常见的系统函数如表 6-6 所示。

表 6-6　　　　　　　　　　　　　系统函数

系统函数	说明
CAST、CONVERT	将某种数据类型的表达式显式转换为另一种数据类型
OBJECT_ID	根据对象名返回对象的 ID
OBJECT_NAME	根据对象 ID 返回对象名
CURRENT_USER	返回当前用户的名称
ISNull	判断第一个参数是否为空，空则返回第二个参数，否则返回第一个参数

系统函数	说明
NewID	创建 uniqueidentifier 类型的唯一值
ISDATE	判断给定参数是否为有效日期
DB_NAME	根据给定数据库标识号返回数据库名
DB_ID	根据给定数据库名返回数据库的标识号

6.3 流程控制语句

在任何一种程序设计语言中，都需要一定的语句组织形式来控制程序的运行，其基本结构分为顺序结构、选择结构和循环结构三种。在 T-SQL 语言中，流程控制语句就是用来控制程序、执行流程的语句，也称流控制语句或控制流语句。下面对各类流程控制语句分别加以介绍。

6.3.1 顺序结构

1. BEGIN...END 语句

BEGIN...END 语句用于将多条 T_SQL 语句组成一个语句块，把这个语句块作为一个单元执行，允许语句块内部嵌套其他语句块。BEGIN 用来标识语句块的开始，END 用来标识同一语句块的结束。语法格式为：

```
BEGIN
{
  Sql_statement|Sql_block              --语句或语句块
}
END
```

2. RETURN 语句

RETURN 语句可在任何时候用于从查询、过程、批处理或语句块中无条件退出，位于 RETURN 之后的语句不会执行。语法格式如下：

```
RETURN[整数值]
```

括号内可以返回一个整数值，如果没有指定返回值，SQL Server 系统会根据程序执行的结果返回一个内定值。使用方法如下例所示。

```
DECLARE @x INT
SET @x=3
RETURN
SET @x=1              --这条语句并未执行，@x 的值仍为 3
```

3. GOTO 语句

GOTO 语句用来改变程序执行的流程,使程序跳到标识符指定的程序行再继续往下执行。语法格式如下。

```
GOTO 标识符
```

这里的标识符，声明的时候需要在其后添加一个 ":"，使用方法如下例所示。

```
DECLARE @x INT
SET @x=3
Add:
  SET @x=@x+1
```

```
    PRINT @x
  GOTO Add        --程序跳转到 Add 处开始执行, 此处形成+1 无限循环
```

4. WATIFOR 语句

WATIFOR 语句可以将它之后的语句在一个指定的间隔之后执行, 或在将来的某一指定时间执行。WATIFOR 语句可以悬挂起批处理、存储过程或事务的执行, 直到所设定的等待时间已过或到达指定的时间。该语句是通过暂停语句的执行而改变语句的执行过程的。语法格式如下所示。

```
WAITFOR {DELAY <'时间'>|TIME <'时间'>}
```

下面对语句中的参数进行逐一说明。

DELAY: 用来设定等待的时间间隔, 最长为 24 小时。

TIME: 用来设定等待结束的时间点。

时间: 可以使用 datetime 数据可接受的格式之一指定时间, 也可以将其指定为值为时间的局部变量, 这里不允许指定 datetime 值的日期部分。

使用方法如下例所示。

```
WAITFOR TIME '15:00'       --等待到 15:00 执行
PRINT '上课了'
WAITFOR DELAY '00:45:00'   --等待 45 分钟之后执行
PRINT '下课了'
```

6.3.2 选择结构

1. IF 语句

IF 语句是条件分支语句, 对于 IF 后面的条件进行判断, 如果条件为真, 则执行 IF 后面的语句。其语法格式如下。

```
IF<条件表达式>
  {语句|语句块}
```

说明: 这里的表达式可以是各种表达式的组合, 但是表达式的值必须是逻辑值 "真" 或 "假"。如果 IF 语句后是语句块, 即两条或更多语句, 则必须使用 BEGIN...END 子句。使用方法如下例所示。

```
DECLARE @x INT
SET @x=3
IF @x>0     --如果@x 大于零, 则输出正数二字
  PRINT '正数'
```

2. IF...ELSE 语句

IF...ELSE 语句在 IF 语句的基础上, 增加了当条件表达式为假时执行特定的操作。即当条件为真, 则执行 IF 后面的语句, 否则执行 ELSE 后面的语句。其语法格式如下。

```
IF<条件表达式>
  {语句 1|语句块 1}
ELSE
  {语句 2|语句块 2}
```

同样的, 如果 ELSE 语句后是语句块, 即两条或更多语句, 则必须使用 BEGIN...END 子句。使用方法如下例所示。

```
DECLARE @x INT
SET @x=-3
IF @x>0     --如果@x 大于零, 则输出正数二字
PRINT '正数'
```

```
ELSE          --否则，则输出负数二字，@x 等于其相反数
  BEGIN
    PRINT  '负数'
    SET @x=-@x
END
```

3．CASE 语句

使用 CASE 语句可以用来实现多种选择的情况，能够避免使用多重 IF..ELSE 嵌套的繁琐语句。T-SQL 支持两种 CASE 语句，简单 CASE 函数和 CASE 搜索函数。

简单 CASE 语句

简单 CASE 语句语法格式如下所示。

```
CASE 测试表达式
  WHEN 测试值 1 THEN 结果表达式 1
  WHEN 测试值 2 THEN 结果表达式 2
  ...
  WHEN 测试值 n THEN 结果表达式 n
  [ELSE 结果表达式 m]
END
```

参数说明

测试表达式：可以是任何有效的表达式。

测试值 n：用来和测试表达式进行比较的值，必须与测试表达式的数据类型相同或者能够进行隐式转换。

结果表达式 n：当测试值 n 和测试表达式相等时则返回结果表达式 n。

结果表达式 m：当所有的测试值都与测试表达式不相等时，则返回结果表达式 m。

简单 CASE 语句的执行过程为：先计算测试表达式的值；然后按照语句顺序比较测试表达式与测试值 n 是否相等，如果相等则返回结果表达式 n，CASE 语句结束；如果没有测试值与测试表达式相等，则当存在 ELSE 时返回结果表达式 m，不存在 ELSE 时返回 NULL。

这里需要注意的是，当有多个测试值与测试表达式相等的时候，只返回语句顺序中第一个测试值后面的结果表达式。使用方法如下例所示。

```
--根据成绩给出级别，90 以上为优，70~89 为良，60~69 为合格，其余为不合格
DECLARE @score INT,@jibie nchar(8)
SET @score=86
SET @jibie=CASE @score/10
              WHEN 9 THEN '优'
              WHEN 8 THEN '良'
              WHEN 7 THEN '良'
              WHEN 6 THEN '合格'
              ELSE '不合格'
          END
PRINT @jibie
```

CASE 搜索语句

CASE 搜索语句的语法格式如下所示。

```
CASE
  WHEN 条件表达式 1 THEN 结果表达式 1
  WHEN 条件表达式 2 THEN 结果表达式 2
  ...
  WHEN 条件表达式 n THEN 结果表达式 n
  [ELSE 结果表达式 m]
```

```
END
```

CASE 搜索函数的执行过程为：按照顺序逐个测试条件表达式，直到某个条件表达式为 TRUE，则返回相应的结果表达式，CASE 语句结束。如果所有条件表达式均为 FALSE，则当存在 ELSE 时返回结果表达式 m，不存在 ELSE 时返回 NULL。使用方法如下例所示。

```
--根据成绩给出级别，90 以上为优，70~89 为良，60~69 为合格，其余为不合格
DECLARE @score INT,@jibie nchar(8)
SET @score=86
SET @jibie=CASE
            WHEN @score>=90 THEN '优'
            WHEN @score>=70 AND @score<90 THEN '良'
            WHEN @score>=60 AND @score<70 THEN '合格'
            ELSE '不合格'
        END
PRINT @jibie
```

6.3.3　循环结构

1. WHILE

WHILE 子句是 T-SQL 语句中的循环结构。其语法格式如下。

```
WHILE <条件表达式>
  BEGIN
    <语句|语句块>
  END
```

语句功能：当程序执行遇到 WHILE 子句时，先判断条件表达式的值，当条件表达式的值为 TRUE 时，执行循环体，直到 END 子句，再次返回判断条件表达式；直到条件表达式的值为 FALSE 时，才结束循环体。使用方法如下例所示。

```
--计算 1~100 的整数和
DECLARE @n INT,@sum INT
SET @n=1
SET @sum=0
WHILE @n<=100
  BEGIN
    SET @sum=@sum+@n
    SET @n=@n+1
  END
PRINT '1~100 的整数和为：'
PRINT @sum
```

2. WHILE...CONTINUE...BREAK

WHILE 子句还可以与 CONTINUE 和 BREAK 配合使用，来控制循环体中语句的执行。语法格式如下。

```
WHILE <条件表达式>
  BEGIN
    <语句|语句块>
    [BREAK]
    [CONTINUE]
    [语句|语句块]
  END
```

语句功能：在这个语句中，CONTINUE 使程序跳过 CONTINUE 命令之后的语句，返回判断条件表达式以确定是否继续循环；BREAK 则使程序完全跳出当前循环，即 WHILE 循

环结束。使用方法如下例所示。

```
--输出100以内所有能被7整除的数
DECLARE @n INT
SET @n=0
PRINT '100以内能被7整除的数有: '
WHILE @n<=100
  BEGIN
    SET @n=@n+1
    IF @n%7=0
      PRINT @n
    ELSE
      CONTINUE          --不执行后面的循环体, 返回判断条件表达式@n<=100
    PRINT ' '
  END
--运行结果:
--100以内能被7整除的数有: 7 14 21 28 35 42 49 56 63 70 77 84 91 98
--输出100以内所有能被7整除的最大数
DECLARE @n INT
SET @n=100
PRINT '100以内能被7整除的最大数: '
WHILE @n!=0
  BEGIN
    IF @n%7=0
      BEGIN
        PRINT @n
        BREAK           --结束当前循环
      END
    ELSE
      SET @n=@n-1
  END
--运行结果: 100以内能被7整除的最大数: 98
--100以内能被7整除的数有: 7 14 21 28 35 42 49 56 63 70 77 84 91 98
```

6.4 事务

T-SQL 语句中提供了多种对数据进行深入处理的高级技术，事务就是其中之一，为数据库中实现数据一致性的重要技术。

6.4.1 事务的概念

事务（Database Transaction）是由一系列语句构建的逻辑工作单元，是并发控制的基本逻辑单元。通常都是为了完成一定业务逻辑而将一条或多条语句作为一个整体一起向系统提交，这些语句要么一起执行要么都不执行，形成一个相对独立的工作单元。

例如我们要向学生管理数据库中添加一个新的学生记录，需要执行下述操作。

（1）填写学生的个人信息。

（2）增加该生的选课信息。

（3）更新选课情况表。

（4）更新住宿情况表。

（5）更新班级信息表。

如果运行正常，上述步骤都能顺利执行，最终操作成功，与该学生相关的所有数据库信息都得以成功更新。但是，假如这其中的某一步骤出现了问题，比如宿舍全满无法为该学生分配住宿或者某门课程选课人数已满等，都将导致整个操作失败。那么，此时新增学生记录的所有操作都不能被保存。

事务就是当类似上述这种数据库内部原因或者系统死机突然断电等外界原因发生的时候，保证数据库的平稳性、安全性和可预测的技术。事务处理的结果只有两种：一种是在事务的处理过程中，如果发生某种错误而整个事务全部回滚，使所有对数据的修改全部撤销；另一种是如果没有任何错误出现每一步都执行成功，那么整个事务的数据修改全部提交。

事务具有四个重要特性，统称为 ACID。

1．原子性

事务的原子性指的是事务中包含的程序作为数据库的逻辑工作单位，它所做的对数据修改操作要么全部执行，要么完全不执行。这种特性称为原子性。

事务的原子性要求，如果把一个事务看作是一个程序，它要么完整地被执行，要么完全不执行。就是说，事务的操纵序列或者完全应用到数据库或者完全不影响数据库。这种特性称为原子性。

假如用户在一个事务内完成了对数据库的更新，这时所有的更新对外部世界必须是可见的，或者完全没有更新。前者称事务已提交，后者称事务撤销（或流产）。DBMS 必须确保由成功提交的事务完成的所有操纵在数据库内有完全的反映，而失败的事务对数据库完全没有影响。

2．一致性

事务的一致性指的是在一个事务执行之前和执行之后数据库都必须处于一致性状态。这种特性称为事务的一致性。假如数据库的状态满足所有的完整性约束，就说该数据库是一致的。

一致性处理数据库中对所有语义约束的保护。假如数据库的状态满足所有的完整性约束，就说该数据库是一致的。例如，当数据库处于一致性状态 S1 时，对数据库执行一个事务，在事务执行期间假定数据库的状态是不一致的，当事务执行结束时，数据库处在一致性状态 S2。

3．分离性

分离性指并发的事务是相互隔离的。即一个事务内部的操作及正在操作的数据必须封锁起来，不被其他企图进行修改的事务看到。

分离性是 DBMS 针对并发事务间的冲突提供的安全保证。DBMS 可以通过加锁在并发执行的事务间提供不同级别的分离。假如并发交叉执行的事务没有任何控制，操纵相同的共享对象的多个并发事务的执行可能会引起异常情况。

DBMS 可以在并发执行的事务间提供不同级别的分离。分离的级别和并发事务的吞吐量之间存在反比关系。较多事务的可分离性可能会带来较高的冲突和较多的事务流产。流产的事务要消耗资源，这些资源必须重新被访问。因此，确保高分离级别的 DBMS 需要更多的开销。

4．持久性

持久性意味着当系统或介质发生故障时，确保已提交事务的更新不能丢失。即一旦一个事务提交，DBMS 保证它对数据库中数据的改变应该是永久性的，耐得住任何系统故障。持久性通过数据库备份和恢复来保证。

持久性意味着当系统或介质发生故障时，确保已提交事务的更新不能丢失。即对已提交事务的更新能恢复。一旦一个事务被提交，DBMS 必须保证提供适当的冗余，使其耐得住系统的故障。所以，持久性主要在于 DBMS 的恢复性能。

在 SQL Server 中，事务类型有以下几种。

1．自动提交事务

自动提交模式是 SQL Server 数据库引擎的默认事务管理模式。每个 Transact-SQL 语句在完成时，都被提交或回滚。如果一个语句成功地完成，则提交该语句；如果遇到错误，则回滚该语句。只要没有显式事务或隐式事务覆盖自动提交模式，与数据库引擎实例的连接就以此默认模式操作。

在 BEGIN TRANSACTION 语句启动显式事务或隐式事务模式设置为开启之前，与数据库引擎实例的连接一直以自动提交模式操作。当提交或回滚显式事务或关闭隐式事务模式时，连接将返回到自动提交模式。如果设置为 ON，SET IMPLICIT_TRANSACTIONS 会将连接设置为隐式事务模式；如果设置为 OFF，则使连接恢复为自动提交事务模式。

2．显式事务

显式事务是用户自定义或用户指定的事务，均以 BEGIN TRANSACTION 语句显示开始，以 COMMIT 或 ROLLBACK 语句显示结束。以 COMMIT 结束，事务内涉及对数据库的所有修改都将永久保存；而以 ROLLBACK 结束，则事务内涉及的对数据库的所有修改都将被回滚到事务开始前状态。

因此，显式事务由用户来控制事务的开始和结束。显式事务执行时间只限于当前事务的执行过程，当事务结束时，将自动返回到启动该显式事务前的事务模式下。

3．隐式事务

隐式事务使用 SET IMPLICIT_TRANSACTIONS ON 语句将隐式事务模式设置为打开，在此模式下，当前事务提交或回滚后，SQL Server 自动开始下一个新事务，并且每关闭一个事务时，执行下一条语句又会启动一个新事务。直到关闭了隐式事务的设置开关，执行 SET IMPLICIT_TRANSACTIONS OFF 则使 SQL Server 返回到自动处理事务模式。

SQL Server 的任何数据修改语句都是隐式事务，包括：

- DDL 语句：CREATE、DROP、ALTER TABLE
- DML 语句：INSERT、UPDATE、DELETE、SELECT、OPEN、FETCH
- DCL 语句：GRANT、REVOKE

如果需要此类隐式任务，需要使用 COMMIT TRANSACTION 或 ROLLBACK TRANSACTION 语句来结束事务。

4．批处理级事务

此类事务只能应用于多个活动结果集（MARS），在 MARS 会话中启动的 T-SQL 显示或隐式事务变为批处理级事务。当批处理完成时，没有提交或回滚的批处理级事务自动由 SQL Server 进行回滚。

6.4.2 事务语句

事务的开始和结束都有特定的语法格式，下面将简单介绍几种事务处理语句的语法和参数。

1．BEGIN TRANSACTION

用于启动一个事务，标志着事务的开始。语法格式如下。

```
BEGIN TRANSACTION[事务名|@事务变量名[WITH MARK['描述字符串']]]
```

下面对其中的参数进行说明。

事务名：表示设定事务的名称，字符个数最多为 32 个。

事务变量名：以@开头，表示用户定义的、含有有效事务名称的变量名称，必须使用 char、varchar、nchar 或 nvarchar 数据类型来声明这个变量。

WITH MARK：表示指定在日志中标记事务，后跟描述该标记的字符串。

2．COMMIT TRANSACTION

用于标识一个成功的隐式事务或用户定义事务的结束。语法格式如下。

```
COMMIT TRANSACTION[事务名|@事务变量名]
```

这里的事务名由前面的 BEGIN TRANSACTION 指定，作用是帮助阅读程序以及指明结束的是哪一个事务。

3．COMMIT WORK

用于标识事务的结束，语句功能与 COMMIT TRANSACTION 相同，但不接受用户定义的事务名称。语法格式如下。

```
COMMIT WORK
```

4．ROLLBACK TRANSACTION

用于将显式事务或隐式事务回滚到事务的起点或事务内的某个保存点。当执行事务的过程中出现了某种错误或者意外，可以使用 ROLLBACK TRANSACTION 语句来撤销数据库在事务中所作的更改，同时使数据恢复到事务开始之前的状态。语法格式如下。

```
ROLLBACK TRANSACTION[事务名|@事务变量名|保存点名|@保存点变量名]
```

保存点指的是在事务中使用 T-SQL 语句在某一个位置定义的一个点，点之前的事务语句不能回滚，即此点之前的语句执行被视为有效，保存点来源于 SAVE TRANSACTION 语句的定义。语法格式如下。

```
SAVE TRANSACTION[保存点名|@保存点变量名]
```

5．ROLLBACK WORK

用于将用户定义的事务回滚到事务的起点，此语句的功能与 ROLLBACK TRANSA-CTION 相同。语法格式如下。

```
ROLLBACK WORK
```

下面通过一个简单实例来说明显式事务的使用方法。

```
USE 学生管理系统
GO
BEGIN TRANSACTION                          --事务开始
SELECT 学号,姓名,性别 FROM student          --第一次查询
SAVE TRANSCATION after_query
UPDATE student
SET 性别='G'       --student 表定义性别列的约束为：性别='M' OR 'W'
WHERE 姓名='张三'
IF @ERROR!=0 OR @@ROWCOUNT=0
  BEGIN
    ROLLBACK TRANSCATION after_query       --回滚到保存点
    COMMIT TRANSCATION                     --事务结束
    PRINT '数据更新出现错误'                  --错误提示信息
    RETURN
  END
SELECT 学号,姓名,性别 FROM student WHERE 姓名='张三'    --第二次查询
COMMIT TRANSCATION                         --事务结束
```

由于性别定义为只能接受'M' OR 'W'，显然这里的更新不会被接受，会产生更新错误，则回滚被执行，第二次查询没有执行，将会只有一次查询结果，并会伴有错误提示信息。

6.5　本章小结

本章介绍了 T-SQL 语句，它是标准 Microsoft SQL Server 的扩展，是对标准 SQL 程序设计语言的功能进行增强的版本。同时，还介绍了常量、变量、运算符的使用方法。函数部分介绍了聚合函数、数学函数、字符串函数、时间日期函数和系统函数。对于三种程序结构：顺序、选择、循环下不同的流程控制语句分别进行了语法说明和举例说明。事务是包括一系列操作的逻辑工作单元，具有 ACDI 特性，分为自动提交事务、显式事务、隐式事务和批处理级事务。事务的开始、回滚和结束均有固定的语法格式，可以通过实例来理解。

通过本章第 6.6 节的实训项目，可以熟悉如何在 SQL Server 2012 的编辑器中编辑和执行 SQL 语句，通过编程训练逐步掌握 T-SQL 编程。

6.6　实训项目五　T-SQL 应用编程

6.6.1　实训目的

（1）通过理论与实际操作的结合，掌握常量、变量和运算符的使用方法。

（2）熟练使用函数和各类流程控制语句来解决实际的编程问题。

（3）灵活运用事务解决数据库操作中遇到的问题。

（4）培养编程能力，提高对 SQL Server 2012 的操作熟练度，通过操作有助于检验书本上理论的正确性。

6.6.2　实训要求

（1）实训前认真复习本章节所学知识，针对实训的内容，对于例题做到理解掌握，认真做好上机实训的准备。

（2）严格遵守实训室管理制度，听从实训教师安排。

（3）独立完成实训内容。

（4）按时按要求完成实训任务。

（5）实训结束后，根据实训所做情况完成实训报告。

6.6.3　实训内容及步骤

1．实训内容

（1）计算两个数的和差积商并显示出来。

（2）判断一个数是正数还是负数，并输出其绝对值。

（3）计算 100 以内所有偶数的和。

（4）输出 100 以内能被 13 整除的所有数。

（5）输出 100 以内能被 13 整除的最大数。

（6）通过事务，对数据库进行一次错误的更新，观察运行结果。

（7）利用事务处理机制，删除 student 表中姓名为"刘军"的记录和 score 表中"刘军"的相关记录，将两个操作合成一个事务进行处理。

2．实训步骤

（1）打开 SQL 编辑器。

（2）编辑 T-SQL 语句。

（3）调试 T-SQL 语句。

（4）执行 T-SQL 语句。

（5）观察运行结果。

6.7 课后习题

一、选择题

1. 要将一组语句执行 20 次，下列（　　）结构可以用来完成此项工作。

A. IF-ELSE   B. WHILE

C. CASE   D. 以上都对

2. 下列日期型常量错误的是（　　）。

A. '141006'   B. '10/6/2014'

C. '2014 年 10 月 6 日'   D. 'October 6, 2014'

3. 字符串常量使用（　　）作为定界符。

A. 单引号   B. 双引号

C. 方括号   D. 以上都对

4. 下述运算符优先级表述正确的是（　　）。

A. 赋值>算术>括号   B. 括号>赋值>算术

C. 算术>括号>赋值   D. 括号>算术>赋值

5. 下列函数中，（　　）可以计算一组数值中所有非空数值的平均值。

A. AVG   B. SUM

C. COUNT   D. MAX

6. 下列选项中，（　　）表示全局变量。

A. @ERROR   B. @@ERROR

C. ERROR   D. ERROR@@

7. CASE 语句属于（　　）结构。

A. 顺序   B. 选择

C. 循环   D. 以上均不是

二、填空题

1. T-SQL 语句结构一般可归纳为：＿＿＿＿＿＿＿＿。

2. 字符串常量中，如果单引号中的字符串包含一个嵌入的引号，可以使用＿＿＿＿＿＿＿＿＿表示嵌入的单引号。

3. 全局变量通常存储着一些 SQL Server 的＿＿＿＿＿＿＿＿＿＿＿＿＿＿。

4. 数学函数能够对数据类型为＿＿＿＿、＿＿＿＿＿、＿＿＿＿＿型等的列进行操作，返回值是＿＿位小数。

5. IF...ELSE 语句在 IF 语句的基础上，增加了当条件表达式为假时执行特定的操作。即当条件为＿＿＿＿＿，则执行 IF 后面的语句，否则执行＿＿＿＿＿＿后面的语句。

6. BEGIN TRANSACTION 用于＿＿＿＿＿＿＿＿。

三、简答题

1. T-SQL 语句的注释有哪几种方式?
2. 局部变量和全局变量有哪些区别?
3. T-SQL 语句有哪几种结构?
4. 事务的四个重要特性"ACID"指的是什么?
5. 事务有哪几种类型?

第 7 章
存储过程与触发器

教学提示

前一章节介绍了 T-SQL 语句的基础知识，通过学习可以完成对数据库对象的一些基本处理，但是当面对较为复杂的数据库处理时，单一的 T-SQL 语句就不能很好地完成了。本章主要介绍如何利用一系列命令和流程控制的集合"存储过程和触发器"，完成数据库处理。通过本章的学习，可以了解存储过程和触发器的基本概念，熟悉如何创建、调用、管理存储过程及触发器，为今后使用数据库打下良好的基础。

教学目标

- 了解存储过程与触发器概念
- 掌握创建、调用和管理存储过程的方法
- 掌握创建、调用和管理触发器的方法
- 能够使用存储过程与触发器解决实际编程问题

7.1 存储过程

在 SQL Server 数据库系统中，存储过程具有很重要的作用。

7.1.1 存储过程概述

1. 存储过程的概念

存储过程(Stored Procedure)类似于 C 语言中的函数，是一组为了完成特定功能的 T-SQL 语句集合。存储过程存储在数据库内，可以有用户的应用程序，通过指定存储过程名称及相关参数来执行。

2. 存储过程的优点

（1）模块化的程序设计，实现代码多次调用。存储过程只需创建一次，并存储在数据库中，在以后的使用中便可重复调用，不需要每次重新编写。

（2）加快执行速度。如果某一操作包含大量的或者需多次执行的代码，存储过程比 T-SQL 代码执行速度要快。因为创建存储过程时，已经被分析和优化，但是对于 T-SQL 代码，每次执行时都要进行编译和优化。

（3）减少网络流量。使用存储过程，可以调用需要若干行 T-SQL 代码的操作，而不需要通过网络传送这些代码。

（4）可以作为安全机制。对用户只授予执行存储过程的权限，而不授予用户直接访问相应表的权限，这样既保证了用户操作数据库中的数据，又保证了用户不能访问相应的表，并保证数据的安全。

3. 存储过程的分类

（1）系统存储过程。系统存储过程是一组预编的 T-SQL 语句，提供了管理数据库和更新表的功能。系统存储过程位于 master 数据库和 msdb 数据库，并且所有存储过程的名称均为 sp_* 形式。例如 sp_databases，代表列出服务器所有的数据库，如图 7-1 所示。

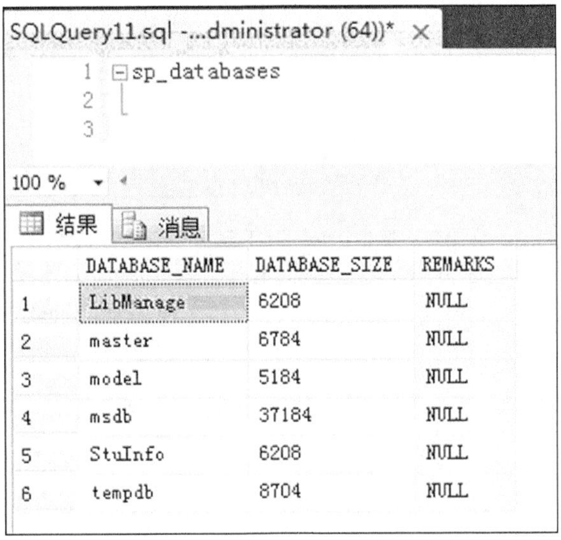

图 7-1　系统存储过程

（2）用户定义的存储过程。由用户创建并能完成某种特定功能的存储过程，其中又分为以下两种。

T-SQL 存储过程：指保存的 T-SQL 语句集合，可以接受和返回用户提出的参数。

CLR 存储过程：指对 Microsoft.NET Framework 公共语言运行时方法的引用，可以接受和返回用户提供的参数。在.NET Framework 程序集中作为类的公共静态方法实现的。

注意：本章主要介绍用户定义的存储过程。

（3）扩展存储过程。扩展存储过程是 SQL Server 实例可以动态加载和运行的 DLL。扩展存储过程是使用 SQL Server 扩展存储过程 API 编写的，可直接在 SQL Server 实例的地址空间运行。

7.1.2　创建存储过程

使用模板创建存储过程。

【例 7-1】为数据库"SudInfo"创建一个存储过程，存储过程名称为 Search，该存储过程满足在"Student"中查找祁鹏的家庭住址。

操作步骤如下。

1. 打开[对象资源管理器]，单击展开"[数据库]-[StuInfo]-[可编程性]"节点，选择存储过程节点，右键弹出菜单"新建存储过程"命令，如图 7-2 所示。

图 7-2　新建存储过程

2. 在[查询编辑器]中出现存储过程的编程模板，在模板上通过编写 T-SQL 代码，创建存储过程，如图 7-3 所示。

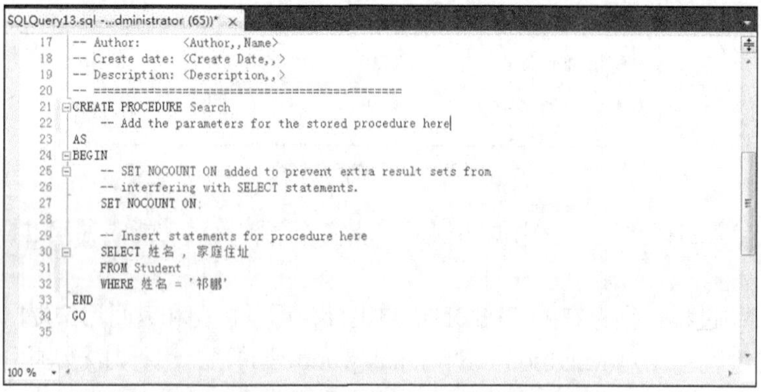

```
17  -- Author:        <Author,,Name>
18  -- Create date: <Create Date,,>
19  -- Description: <Description,,>
20  -- =============================================
21  CREATE PROCEDURE Search
22      -- Add the parameters for the stored procedure here
23  AS
24  BEGIN
25      -- SET NOCOUNT ON added to prevent extra result sets from
26      -- interfering with SELECT statements.
27      SET NOCOUNT ON;
28
29      -- Insert statements for procedure here
30      SELECT 姓名 , 家庭住址
31      FROM Student
32      WHERE 姓名 = '祁鹏'
33  END
34  GO
35
```

图 7-3　使用模板创建存储过程

3. 单击"　"执行按钮，运行成功后，在[对象资源管理器]窗口单击展开"[数据库]-[StuInfo]-[可编程性]-[存储过程]"节点，可以看到新建 Search 存储过程，如图 7-4 所示。

图 7-4　新建 Search 存储过程

创建完的存储过程，可以使用 T-SQL 语句进行调用，语法如下。

```
EXEC <存储过程名称>
[参数表]
```

单击"新建查询"按钮，在[查询编辑器]中输入以下代码。

```
EXEC Search
```

单击" ▌ " 执行按钮，结果如图 7-5 所示。

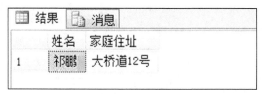

图 7-5　调用存储过程结果

● 使用 T-SQL 创建存储过程。

使用 T-SQL 创建存储过程，其语法如下。

```
CREATE PROC[EDURE] <存储过程名>
{@参数 1 数据类型}[=默认值][OUTPUT], …
{@参数 n 数据类型}[=默认值][OUTPUT]
AS
[BEGIN]
T-SQL 语句
[END]
```

下面通过实例来讲解如何创建无参和带参的存储过程。

1．无参存储过程

【例 7-2】为数据库"StuInfo"创建一个多表查询的存储过程"Search_1"，查询"祁鹏"的学号、课程名、成绩等信息。

单击"新建查询"按钮，在[查询编辑器]中输入以下代码。

```
USE StuInfo
GO
CREATE PROCEDURE Search_1
AS
BEGIN
SELECT Student.学号 , Student.姓名 ,Score.成绩 , Course .课程名
FROM Student INNER JOIN Score ON Student.学号 = Score.学号
             INNER JOIN Course ON Score.课程号 = Course.课程号
WHERE Student.姓名 = '祁鹏'
END
```

单击" ▌ " 执行按钮，即创建了存储过程"Search_1"，调用存储过程，执行以下代码。

```
EXEC Search_1
```

执行后结果如图 7-6 所示。

图 7-6　执行结果

注意：为了使代码更加简洁，一般执行以下代码。

```
USE StuInfo
GO
CREATE PROCEDURE Search_1
AS
BEGIN
SELECT S.学号 , S.姓名 ,Sc.成绩 , C .课程名
FROM Student AS S  INNER JOIN Score AS Sc ON S.学号 = Sc.学号
            INNER JOIN Course AS C ON Sc.课程号 = C.课程号
WHERE S.姓名 = '祁鹏'
END
```

但是仅查询一个人的信息在实际应用中是没有任何意义的，因此我们通常在存储过程中设置输入参数，通过参数的传递查询所需要的信息。

2．输入参数存储过程

【例 7-3】为数据库 "StuInfo" 创建一个多表查询的存储过程 "Search_2"，通过姓名查询某位同学的学号、课程名、成绩的信息。在[查询编辑器]中输入以下代码。

```
USE StuInfo
GO
CREATE PROCEDURE Search_2 @name char(10)
--@name char(10)：定义参数
AS
BEGIN
SELECT S.学号 , S.姓名 ,Sc.成绩 , C .课程名
FROM Student AS S  INNER JOIN Score AS Sc ON S.学号 = Sc.学号
            INNER JOIN Course AS C ON Sc.课程号 = C.课程号
WHERE S.姓名 = @name
END
```

单击 " " 执行按钮，即创建了存储过程 "Search_2"，调用存储过程，执行以下代码。

```
EXEC Search_2 '祁鹏'
```

执行完毕后，所显示的结果与图 7-6 相同。

注意：以上执行代码为常量传值的调用方法，变量传值的调用方法如下。

```
DECLARE @rname char(10)
SET @rname = '祁鹏'
EXEC Search_2 @rname
```

执行结果与图 7-6 相同。

3．使用默认参数存储过程

在存储过程中设置参数并赋予初值，在调用参数的时候如果对参数赋值，则显示结果为所赋值后的存储过程；如果在调用时没有对参数赋值，则显示结果为设置参数为初值的存储过程。

【例 7-4】为数据库 "StuInfo" 创建一个多表查询的存储过程 "Search_3"，不输入同学姓名直接进行查询时，默认显示为全部同学的学号、课程名、成绩的信息。

在[查询编辑器]中输入以下代码。

```
USE StuInfo
GO
CREATE PROCEDURE Search_3 @name char(10) =NULL
--@name char(10) =NULL：定义默认参数
AS
BEGIN
```

```
IF  @name  IS  NULL
SELECT S.学号 , S.姓名 ,Sc.成绩 , C .课程名
FROM Student AS S  INNER JOIN Score AS Sc ON S.学号 = Sc.学号
              INNER JOIN Course AS C ON Sc.课程号 = C.课程号
--如果不输入任何学生姓名，则显示的为全体学生成绩
ELSE
SELECT S.学号 , S.姓名 ,Sc.成绩 , C .课程名
FROM Student AS S INNER JOIN Score AS Sc ON S.学号 = Sc.学号
              INNER JOIN Course AS C ON Sc.课程号 = C.课程号
WHERE  S.姓名 = @name
--显示的为该学生成绩
END
```

单击 " 🔒 " 执行按钮，即创建了存储过程 "Search_3"，调用存储过程，执行以下代码。

```
EXEC Search_3
```

执行结果如图 7-7 所示。

	学号	姓名	成绩	课程名
1	211	王红	89.0	数据库
2	211	王红	78.0	网页
3	211	王红	67.0	Java语言
4	212	刘军	77.0	数据库
5	212	刘军	60.0	网页
6	212	刘军	95.0	Java语言
7	321	闵娜娜	66.0	英语

图 7-7　执行结果

4．输出参数的存储过程

在调用存储过程后，需要返回值的时候，可以使用带输出参数的存储过程。

【例 7-5】为数据库 "StuInfo" 创建一个多表查询的存储过程 "Search_4"，能够查询参加课程名为 Java 语言的考试人数。

在[查询编辑器]中输入以下代码。

```
USE StuInfo
IF EXISTS (SELECT *FROM sysobjects WHERE name = 'Search_4')
--检测系统是否存在存储过程 Search_4
DROP PROCEDURE Search_4
--如果存在则删除
GO
CREATE PROCEDURE Search_4
@subject Varchar(10) = '数据库',
@count  int  output
--输出的参数
AS
BEGIN
SELECT  @count =count(*)
FROM Student AS S , Score AS Sc ,Course AS C
WHERE  S.学号 = Sc.学号 AND Sc.课程号 = C.课程号
```

```
AND C .课程名=@subject
--满足课程名与所查询的一致。
END
```

注意：为了防止存储过程重复，导致无法创建存储过程，故添加了以下两行代码，这在今后学习工作中很有帮助。

```
IF EXISTS (SELECT *FROM sysobjects WHERE name = 'Search_4')
DROP PROCEDURE Search_4
```

单击" ! " 执行按钮，即创建了存储过程"Search_4"，调用存储过程，执行以下代码。

```
DECLARE @count int ,@sub varchar(8)
SET @sub='Java 语言'
--设置所选课程
EXEC Search_4 @sub ,@count = @count output
--设置需要返回（输出）的参数
PRINT '参加'+@sub+'考试的人数为'+convert(varchar(2),@count)+'人'
--输出结果
```

执行结果如图 7-8 所示。

图 7-8　执行结果

注意：创建存储过程时，在需要返回的参数后要添加 OUTPUT 关键字，在调用的时候也不要忘记。另外根据前面的学习思路，也可写出如下代码。

```
IF EXISTS (SELECT *FROM sysobjects WHERE name = 'Search_4')
DROP PROCEDURE Search_4
GO
CREATE PROCEDURE Search_4
@subject Varchar(10) = '数据库',
@count  int  output
AS
BEGIN
SELECT  @count =count(*)
FROM Student AS S  INNER JOIN Score AS Sc ON S.学号 = Sc.学号
          INNER JOIN Course AS C ON Sc.课程号 = C.课程号
WHERE  C .课程名=@subject
END
```

7.1.3　管理存储过程

1．查看存储过程

存储过程被创建后，如果想查看某存储过程的代码，可以通过 SQL Server 2012 提供的系统存储过程 sp_helptext 来查看创建的存储过程信息。代码的格式如下。

```
sp_helptext  存储过程的名称
```

【例 7-6】请查看数据库"StuInfo"中存储过程"Search_4"的信息。

在[查询编辑器]中输入以下代码。

```
sp_helptext Search_4
```

单击" ! " 执行按钮，执行结果如图 7-9 所示。

	Text
1	CREATE PROCEDURE Search_4
2	@subject Varchar(10) = '数据库',
3	@count int output
4	--输出的参数
5	AS
6	BEGIN

图 7-9 查看存储过程“Search_4”

2．修改存储过程

当需要更改存储过程的代码时，可以删除该存储过程，然后继续重新创建存储过程，但是删除后重新创建的存储过程，相关权限会丢失。如果选择直接修改该存储过程，该存储过程代码将被修改，但是权限依然保留。修改存储过程使用 ALTER PROCEDURE 完成，代码格式如下。

```
ALTER  PROC[EDURE] <存储过程名>
{@参数 1 数据类型}[=默认值][OUTPUT]，…
{@参数 n 数据类型}[=默认值][OUTPUT]
AS
[BEGIN]
    T-SQL 语句
[END]
```

可以看出修改存储过程与创建存储过程基本一样，只是关键字变为“ALTER”，参考以下例子对修改存储过程加以理解。

【例 7-7】修改数据库“StuInfo”的存储过程“Search_2”，根据学号查询该学生的选修课程名，包括该同学的姓名、课程名。

在[查询编辑器]中输入以下代码。

```
USE StuInfo
GO
ALTER PROCEDURE Search_2 @num int
AS
BEGIN
SELECT S.学号 , S.姓名 , C .课程名
FROM Student AS S  INNER JOIN Score AS Sc ON S.学号 = Sc.学号
          INNER JOIN Course AS C ON Sc.课程号 = C.课程号
WHERE S.学号 = @num
END
```

单击“!”执行按钮，修改完毕，执行以下代码查看修改结果。

```
EXEC Search_2 211
```

执行完毕后，结果如图 7-10 所示。

	学号	姓名	课程名
1	211	王红	数据库
2	211	王红	网页
3	211	王红	Java语言

图 7-10 修改后存储过程执行结果

3．删除存储过程

删除存储过程使用 DROP PROCEDURE 完成，代码格式如下。

```
DROP PROC[EDURE] <存储过程名>
```

【例 7-8】删除数据库"StuInfo"的存储过程"Search_2"。

```
DROP PROC Search_2
```

4．使用 SSMS 管理存储过程

使用 SSMS 进行存储过程的查看、修改、删除基本类似。打开[对象资源管理器]，单击展开"[数据库]-[StuInfo]-[可编程性]-[存储过程]"节点，选择需要管理的存储过程，右键弹出菜单，进行对存储器的管理，如图 7-11 所示。

图 7-11　使用 SSMS 对存储过程进行管理

7.2　触发器

触发器也是一种存储过程，是一种特殊类型的存储过程，在特定的条件下触发执行。

7.2.1　触发器的概述

1．触发器的概念

触发器是一种特殊的存储过程，其中可以包含复杂的 T-SQL 语句。触发器与存储过程不同之处在于，触发器的执行不是用 EXEC 主动调用，而是当满足一定条件下自动执行，并且不含参数。

SQL Server 提供两种主要机制来强制使用业务规则和数据完整性：约束和触发器。

前面已经介绍了约束，对于触发器来说，通常在触发器内编写自动执行的程序，当所保护的数据经过操作出现变化或者发生数据定义时，系统将自动运行触发器中的程序，来保证数据库的完整性。

触发器有以下优点。

（1）触发器是自动执行。

（2）触发器比约束更能实现复杂的完整性要求，因为触发器可以引用其他表中的列，同时可以完成逻辑判断功能。

（3）触发器可以防止 INSERT、DELETE、UPDATE 的错误操作。

2．触发器的分类

（1）DML 触发器。DML 触发器在服务器或数据库中发生数据操作语言(DML)事件时启用，DML 事件在用户对表进行插入（INSERT）、修改（UPDATE）和删除（DELETE）操作时会自动运行。根据触发器执行的时机可分为：AFTER 触发器和 INSTEAD OF 触发器。AFTER触发器是在执行了 INSERT、UPDATE 或 DELETE 语句操作后执行。INSTEAD OF 触发器在执行 INSERT，UPDATE 或 DELETE 语句操作时被激活，并且这些操作将不被执行，执行的操作是 INSTEAD OF 触发器中的代码。

注意：AFTER 触发器只能在表上定义，不能在视图上定义。INSTEAD OF 触发器在表上和视图上均可定义。

（2）DDL 触发器。DDL 触发器在服务器或数据库发生数据定义语言（DDL）事件时启用。DDL 触发器不会针对视图或表中的 INSERT、UPDATE 或 DELETE 语句而执行。它们会为了响应各种数据定义语言（DDL）事件而激活，这些事件是以关键字"CREATE"、"ALTER"和 "DROP" 开头的 T-SQL 语句。

（3）登录触发器。登录触发器是由登录（LOGON）事件而激发的触发器，与 SQL Server实例建立用户会话时将引发该事件。登录触发器将在登录的身份验证阶段完成之后，用户会话实际建立之前激发，用于控制数据库服务器的安全。

注意：本章对于登录触发器将不做介绍。

3．触发器的工作原理

每个触发器有两个特殊表：插入表(inserted)和删除表（deleted）。这两个表是临时表，由系统管理的逻辑表。它们存在内存中，保存因为操作而影响到的原数据或者新数据。这两个表，用户均不能对其直接修改，结构总是与定义触发器的数据表的结构相同，当触发器执行完毕后，这两个表会被自动删除。

（1）INSERT 触发器工作原理。定义了 INSERT 触发器，当触发器执行时，新的数据行被添加到创建触发器的表中，生成的 inserted 表存储了向原表插入的内容。

INSERT 触发器工作原理如图 7-12 所示。

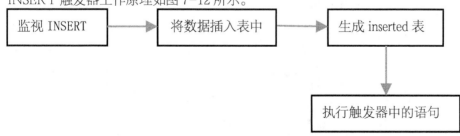

图 7-12　INSRET 触发器工作原理图

（2）DELETE 触发器工作原理。定义了 DELETE 触发器，当触发器执行时，原表中被删除的行将放到 deleted 表中，同时可以引用 DELETE 语句的记录数据。

注意：本章中将举例说明如何引用 DELETE 语句的记录数据。

DELETE 触发器工作原理如图 7-13 所示。

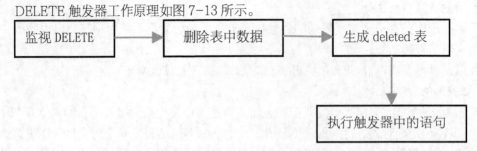

图 7-13　DELETE 触发器工作原理

（3）UPDATE 触发器工作原理。定义了 DELETE 触发器，当触发器执行时，更新操作可以看成删除原始内容并将其保存至 deleted 表中和插入新的内容，并将其插入 inserted 表中两步。

UPDATE 触发器工作原理如图 7-14 所示。

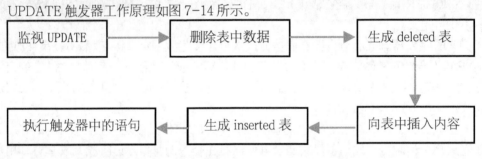

图 7-14　UPDATE 触发器工作原理

7.2.2　创建触发器

使用模板创建触发器

【例 7-9】为数据库 "SudInfo" 中的 "Student" 表，执行 INSERT 操作的 AFTER 触发器，触发器名称为 "S_INAF"，当添加一条学生信息后，会显示 "学生已成功添加"。

操作步骤如下。

（1）打开[对象资源管理器]，单击展开 "[数据库]-[StuInfo]-[表]-[Student]" 节点，选择[触发器]节点，右键弹出菜单 "新建触发器" 命令，如图 7-15 所示。

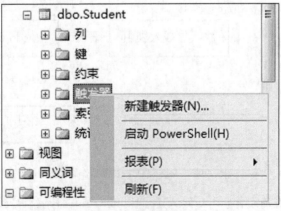

图 7-15　新建触发器

根据模板编写代码，如图 7-16 所示。

```
21   -- Create date: <Create Date,,>
22   -- Description: <Description,,>
23   -- =============================================
24 ⊟CREATE TRIGGER S_INAF
25      ON  Student
26      AFTER  INSERT
27   AS
28 ⊟BEGIN
29 ⊟     -- SET NOCOUNT ON added to prevent extra result sets from
30         -- interfering with SELECT statements.
31         SET NOCOUNT ON;
32         PRINT'学生已成功添加'
33         -- Insert statements for trigger here
34
35   END
36   GO
```

图 7-16　使用模板创建触发器

（2）单击"⚡" 执行按钮，即创建了触发器"S_INAF"，如图 7-17 所示。

图 7-17　创建触发器"S_INAF"

测试触发器，执行以下代码。

```
INSERT Student(学号,姓名,性别,出生日期,民族,政治面貌,所学专业,家庭住址,邮政编码,联系电话)
VALUES(324,'李霞','女','1991-03-21','汉','团员','动漫设计','解放路12号
',300000,28772652)
```

执行结果如下。

```
学生已成功添加
(1 行受影响)
```

使用 T-SQL 创建 DML 触发器

使用 T-SQL 创建触发器，其语法如下。

```
CREATE TRIGGER<触发器名称>
ON<表名称|视图名称>
AFTER|INSTEAD OF
[UPDATE][,][INSERT][,][DELETE]
AS
[BEGIN]
T_SQL 语言
[END]
```

1. 创建 UPDATE 操作的 AFTER 触发器

【例 7-10】为数据库"SudInfo"中的"Student"表，执行 UPDATE 操作的 AFTER 触发器，触发器名称为"S_UPAF"，当更新一名学生信息时，会提示"禁止更改学生信息",并禁止修改表。

在[查询编辑器]中输入以下代码。

```
CREATE TRIGGER S_UPAF
ON Student
```

```
AFTER UPDATE
AS
BEGIN
IF  UPDATE(姓名)
BEGIN
PRINT'禁止更改学生信息'
ROLLBACK
END
END
GO
```

单击" ! " 执行按钮，即创建了触发器"S_UPAF"，测试触发器，执行以下代码：

```
UPDATE Student set 姓名 = '李明'
```

执行结果如下。

```
禁止更改学生信息
消息 3609，级别 16，状态 1，第 1 行
事务在触发器中结束。批处理已中止。
```

2. 创建 DELETE 操作的 AFTER 触发器

【例 7-11】为数据库"SudInfo"中的"Student"表，执行 DELETE 操作的 AFTER 触发器，触发器名称为"S_DELAF"，删除一名学生，同时提示"该学生已删除不存在"。

在[查询编辑器]中输入以下代码。

```
CREATE TRIGGER S_DELAF
ON Student
AFTER DELETE
AS
BEGIN
PRINT'该学生已被删除'
END
```

单击" ! " 执行按钮，即创建了触发器"S_DELAF"，测试触发器，执行以下代码。

```
DELETE Student WHERE 姓名 = '李霞'
```

执行结果如下。

```
该学生已被删除
(1 行受影响)
```

3. 创建 DELETE 操作的 INSTEAD OF 触发器

【例 7-12】为数据库"SudInfo"中的"Student"表，执行 DELETE 操作的 INSTEAD OF 触发器，触发器名称为"S_DELINS"，当删除一名学生时，禁止修改表，同时会提示"禁止删除学生信息"。

在[查询编辑器]中输入以下代码。

```
CREATE TRIGGER S_DEINS
ON Student
INSTEAD OF DELETE
AS
BEGIN
PRINT'禁止删除学生信息'
END
```

单击" ! " 执行按钮，即创建了触发器"S_DEINS"，测试触发器，执行以下代码。

```
DELETE Student WHERE 姓名 = '李霞'
```

执行结果如下。

禁止删除学生信息
（1 行受影响）

同时查看 Student 表，李霞的信息没有任何修改。

从上面的两个例子不难看出，INSTEAD OF 和 AFTER 的区别，一个是在 DELELTE 前执行，一个是在之后执行。

为了加深对于 INSTEAD OF 和 AFTER 的区别，举例如下。

【例 7-13】为数据库"SudInfo"中的"Student"表，执行 DELETE 操作触发器名称为"S_DEL"，进行删除操作时，输入学生姓名，该学生存在则删除该学生，同时提示"该学生已删除"，如果不存在提示"该学生不存在"。

在[查询编辑器]中输入以下代码。

注意：本例题是为了对比 AFTER 和 INSTEAD OF 的区别，代码为参考代码。

```
CREATE TRIGGER S_DEL
ON Student
INSTEAD OF DELETE
AS
BEGIN
DECLARE @delname char(10)
SELECT @delname = 姓名 FROM DELETED
IF  exists (select 姓名 from Student where 姓名 = @delname)
BEGIN
DELETE Student WHERE 姓名 = @delname
PRINT'该学生已被删除'
END
ELSE
PRINT '该学生不存在'
END
```

单击" ! " 执行按钮，即创建了触发器"S_DEINS"，测试触发器，执行以下代码。

DELETE Student WHERE 姓名 = '李霞'

执行一次显示：

该学生已被删除
（1 行受影响）
该学生已被删除
（1 行受影响）

执行二次显示：

该学生不存在
（0 行受影响）

假如将 INSTEAD OF 换为 AFTER，会是什么结果？DELETE Student WHERE 姓名 = @delname，这行代码不添加的话又会是什么结果？

如果换成 AFTER，执行显示：

该学生不存在
（1 行受影响）

因为 AFTER 是执行 DELETE 以后执行的，所以此时该学生已被删除，再进行 T-SQL 语句运行时，就会直接运行到 ELSE。

如果删除 DELETE Student WHERE 姓名 = @delname，这行代码，执行显示：

该学生已被删除

（1 行受影响）

再次执行依旧显示如上结果，说明该学生信息根本没有被删除，因为 INSTEAD OF 是在执行删除时被触发，并且 INSTEAD OF 后面的操作取代了删除操作，所以 INSTEAD OF 触发器能实现，执行删除数据表记录命令时，保证用户记录不被删除。这就是为什么【例 7-12】数据没有变化，在【例 7-13】通过 T-SQL 语句进行删除，导致出现两次"该学生已删除"结果。

在做【例 7-11】、【例 7-12】如果测试触发器，执行代码"DELETE Student WHERE 姓名 = '祁鹏'"，会出现下面的结果。

```
消息 547，级别 16，状态 0，第 1 行
DELETE 语句与 REFERENCE 约束"FK_Score_Student"冲突。该冲突发生于数据库"StuInfo"，表
"dbo.Score"，column '学号'。
语句已终止。
```

因为，删除过程破坏了表的完整性。具体解决方法可以参看前面约束章节所讲，删除主键与外键约束即可；或者直接使用原始的 StuInfo 数据库。

4．应用触发器同步删除多个表中的数据

【例 7-14】设计一触发器"S_DELS"，当删除"Student"表中的某一名学生后，提示"该学生信息删除成功"。该学生 "Score"表中对应的成绩也全部删除，提示"该学生成绩删除成功"。

在[查询编辑器]中输入以下代码。

```
CREATE TRIGGER S_DELS
ON Student
AFTER  DELETE
AS
PRINT'该学生信息删除成功'
--在 Student 表删除该学生后触动触发器，提示"该学生信息删除成功"。
DELETE FROM Score
--同时删除 Score 表该生的信息
WHERE Score.学号
--通过学号找到删除学生，删除其的成绩等信息。
IN (SELECT 学号 FROM DELETED)
--该删除的学号是从 DELETED 表中，被删除的数据获取的。
PRINT'该学生成绩删除成功'
--删除后，提示"该学生成绩删除成功"
GO
```

单击" ! " 执行按钮，即创建了触发器"S_DELS"，测试触发器，执行以下代码。

```
DELETE Student WHERE 姓名 = '祁鹏'
```

执行结果如下。

```
在 student 表删除成功
（1 行受影响）
在 score 表删除成功
（1 行受影响）
```

● 使用 T-SQL 创建 DDL 触发器

DDL 触发器主要用于控制数据库和服务器操作等任务。使用 T-SQL 创建 DDL 触发器，其语法如下。

```
CREATE TRIGGER<触发器的名称>
ON<ALL SERVER|DATABASE>
-- ALL SERVER：服务器，表示 DDL 触发器的作用范围为当前服务器，如果指定了该参数，只要当前服务器中
任何位置出现事件类型或事件组，就会执行该触发器。
```

-- DATABASE：数据库，表示 DDL 触发器的作用范围为当前数据库，如果指定了该参数，只要当前数据库中出现事件类型或事件组，就会执行该触发器。

    [WITH ENCRYPTION]

    --WITH ENCRYPTION：表示对创建的触发器进行加密。使用 WITH ENCRYPTION 可以防止触发器被查看。

    <FOR|AFTER><事件类型或事件组>

    --事件类型：执行后导致 DDL 触发器执行的 T_SQL 语句事件的名称。例如：CREATE_TABLE 等操作。

    --事件组：预定义的 T-SQL 语句事件分组的名称，执行任何属于事件组的 T-SQL 语句事件后，将激发 DDL 触发器。

```
AS
[BEGIN]
T_SQL 语言
[END]
```

1．创建服务器作用域的 DDL 触发器

【例 7-15】在服务器上创建 DDL 触发器 Protect1 来防止服务器中的任何一个数据库被删除，同时提示"禁止删除数据库！"

在[查询编辑器]中输入以下代码。

```
CREATE TRIGGER Protect1
ON ALL SERVER
FOR DROP_DATABASE
AS
BEGIN
PRINT'禁止删除数据库！'
ROLLBACK
--回滚操作
END
```

单击"⚡"执行按钮，即创建了触发器"Protect1"，测试触发器，执行以下代码。

```
DROP DATABASE StuInfo
```

执行后结果如下。

```
禁止删除数据库！
消息 3609，级别 16，状态 2，第 1 行
事务在触发器中结束。批处理已中止。
```

2．创建数据库作用域的 DDL 触发器

【例 7-16】在数据库"StuInfo"上创建 DDL 触发器 Protect2 来防止数据库中的任何一个表被删除，同时提示"禁止删除表！"

在[查询编辑器]中输入以下代码。

```
USE StuInfo
GO
CREATE TRIGGER Protect2
ON DATABASE
FOR DROP_TABLE
AS
BEGIN
PRINT'禁止删除表！'
ROLLBACK
END
```

单击"⚡"执行按钮，即创建了触发器"Protect2"，测试触发器，执行以下代码。

```
DROP TABLE Student
```

执行后结果如下。

禁止删除表！
消息 3609，级别 16，状态 2，第 1 行
事务在触发器中结束。批处理已中止。

注意：服务器作用域的 DDL 触发器，查看位置为[对象资源管理器]-[服务器对象]-[触发器]节点，查看触发器"Protect1"，如图 7-18 所示。数据库作用域的 DDL 触发器，查看位置为[对象资源管理器]-[数据库]-[StuInfo]-[可编程性]-[数据库触发器]节点，查看触发器"Protect2"，如图 7-19 所示。

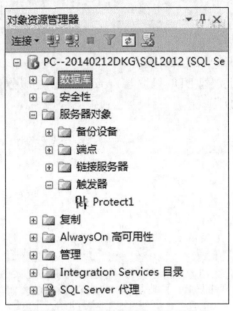

图 7-18 服务器作用域的 DDL 触发器

图 7-19 数据库作用域的 DDL 触发器

7.2.3 管理触发器

管理触发器操作包括查看、修改、删除触发器和禁止与启动触发器等操作。

利用 SSMS 管理触发器

打开[对象资源管理器]，单击展开"[数据库]–[StuInfo]–[表]–[Student]"节点，选择[触发器]节点，右键选择要修改的触发器，弹出菜单如图 7-20 所示。

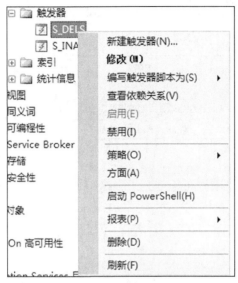

图 7-20　利用 SSMS 管理触发器

选择"修改"命令，弹出[查询编辑器]可以对触发器进行修改，如图 7-21 所示。

```
SQLQuery6.sql - P...ministrator (58)) ×
  1   USE [StuInfo]
  2   GO
  3   /****** Object:  Trigger [dbo].[S_DELS]    Script Date: 2014/8/22 18:09:59 ******/
  4   SET ANSI_NULLS ON
  5   GO
  6   SET QUOTED_IDENTIFIER ON
  7   GO
  8
  9   ALTER TRIGGER [dbo].[S_DELS] ON [dbo].[Student]
 10   AFTER DELETE
 11   AS
 12   DELETE FROM Score
 13   WHERE Score.成绩
 14   IN (SELECT 成绩 FROM DELETED)
 15
 16
```

图 7-21　修改触发器

通过菜单栏可以选择修改、启用、禁用、删除等命令，进行相应的操作。

利用 T-SQL 语句管理触发器

（1）查看触发器的定义文本，语法如下。

```
EXEC SP_helptext <触发器名称>
```

【例 7-17】查看触发器"S_DELS"的定义文本。

在[查询编辑器]中输入以下代码。

```
EXEC SP_helptext S_DELS
```

执行后，显示结果如图 7-22 所示。

	Text
1	CREATE TRIGGER S_DELS ON Student
2	AFTER DELETE
3	AS
4	DELETE FROM Score
5	WHERE Score.成绩
6	IN (SELECT 成绩 FROM DELETED)

图 7-22　触发器的定义文本

前面讲过，WITH ENCRYPTION 可对触发器进行加密。将"S_DELS"删除，重新创建"S_DELS"触发器，看看该语句的作用。在[查询编辑器]中输入以下代码并执行。

```
CREATE TRIGGER S_DELS
ON Student
WITH ENCRYPTION
AFTER  DELETE
PRINT'该学生信息删除成功'
DELETE FROM Score
WHERE Score.学号
IN (SELECT 学号 FROM DELETED)
PRINT'该学生成绩删除成功'
GO
```

创建新的"S_DELS"触发器后，执行以下代码。

```
EXEC SP_helptext  S_DELS
```

执行后结果如下。

```
对象 'S_DELS' 的文本已加密。
```

（2）查看触发器的所有者和创建时间。

其语法如下。

```
EXEC SP_help <触发器名称>
```

执行后结果如图 7-23 所示。

	Name	Owner	Type	Created_datetime
1	S_DELS	dbo	trigger	2014-08-22 19:52:00.893

图 7-23　查看触发器的所有者和创建时间

（3）利用 ALTER TRIGGER 语句修改 DML 触发器。

其语法如下。

```
ALTER TRIGGER<触发器名称>
ON<表名称|视图名称>
AFTER|INSTEAD OF
[UPDATE][,][INSERT][,][DELETE]
AS
[BEGIN]
T_SQL 语言
[END]
```

（4）利用 ALTER TRIGGER 语句修改 DDL 触发器。

其语法如下。

```
ALTER TRIGGER<触发器的名称>
ON<ALL SERVER|DATABASE>
[WITH ENCRYPTION]
<FOR|AFTER><事件类型或事件组>
AS
[BEGIN]
T_SQL 语言
[END]
```

可见，ALTER TRIGGER 语句修改 DML 触发器、DDL 触发器，可以参见创建触发器的方法。

（5）删除触发器。

删除触发器的语法如下。

```
DROP TRIGGER<触发器的名称>
```

（6）禁用与启用触发器。

当暂时不需要某个触发器，可以禁用。禁用触发器的语法如下。

```
DISABLE TRIGGER 触发器名称 ON 对象名|DATABASE|ALL SERVER
```

启用触发器的语法如下。

```
ENABLE TRIGGER 触发器名称 ON 对象名|DATABASE|ALL SERVER
```

【例 7-18】禁用 DDL 触发器 "Protect1"。

执行代码如下。

```
DISABLE TRIGGER Protect1 ON ALL SERVER
-- Protect1 的作用域是服务器。
```

7.3 触发器应用案例

触发器在现实社会中应用较广，本节通过银行的交易平台案例进行分析。

（1）银行存/取款问题。

当去银行存/取款时，交易完成后，对应的账户余额也相应地增加/减少。其工作原理如图 7-24 所示。

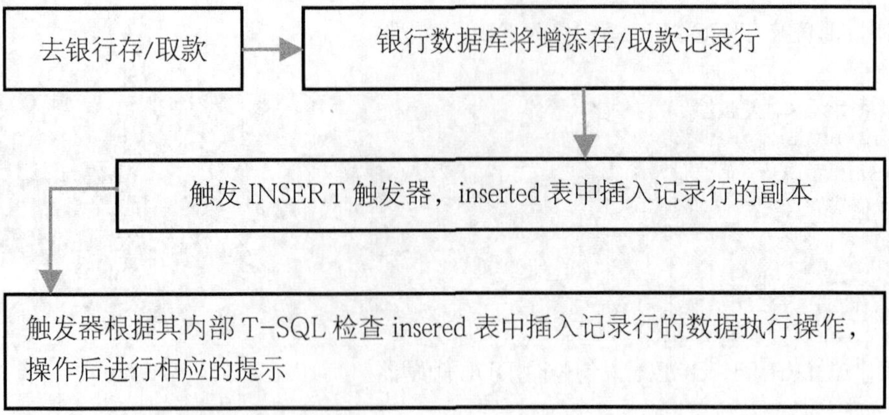

图 7-24　银行存/取款原理

实例参考代码如下。

```
CREATE TRIGGER 交易触发器
ON 交易数据库
AFTER INSERT
AS
DECLARE @type varchar(4),@outmoney money
DECLARE @mycardid varchar(10)
--定义变量：交易类型，交易金额，交易卡号。
SELECT @type=transtype,@outmoney=transmoney,@mycardid=cardid from inserted
--从 inserted 中获取对应数据
if(@type='支取')
--根据交易类型，增加与减少卡内的余额
UPDATE bank set currentmoney=currentmoney-@outmoney where cardid=@mycardid
--减少账户相应的余额
PRINT'请收好您的取款'
ELSE
UPDATE bank set currentmoney=currentmoney+@outmoney where cardid=@mycardid
PRINT'存款已完毕'
--增加账户相应的余额
```

（2）当某位银行用户因为银行卡丢失想要挂失，其本人银行的账户将会从正常账户表中删除，移至冻结账户表。其工作原理如图 7-25 所示。

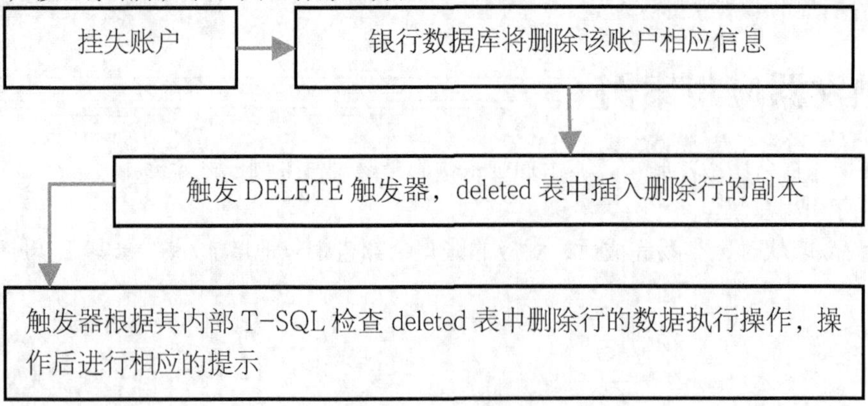

图 7-25　冻结账户原理

实例参考代码如下。

```
CREATE TRIGGER 删除账户触发器
ON 交易数据库
AFTER DELETE
AS
INSERT INTO 冻结账户表 SELECT * FROM deleted
--删除该账户信息后，将该账户的信息从 deleted 中获取，并插入到冻结账户表中。
PRINT '冻结该账户的信息为：'
SELECT * FROM 冻结账户表
--删除后，账户信息转移到冻结账户表中，显示"冻结该账户的信息为："
GO
```

如果一开始没有冻结账户表，需要添加以下代码。

```
......
AS
IF NOT EXISTS (SELECT * FROM sysobjects WHERE name='冻结账户表')
SELECT * INTO 冻结账户表 FROM deleted
ELSE
INSERT INTO 冻结账户表 SELECT * FROM deleted
......
```

（3）当某位银行用户通过 ATM 平台存款，但是 ATM 平台要求每次存款最大限额是 1 万元。因此，当交易金额超出 1 万元时，取消存款交易，并提示"每次存款金额不超过一万元"。其工作原理如图 7-26 所示。

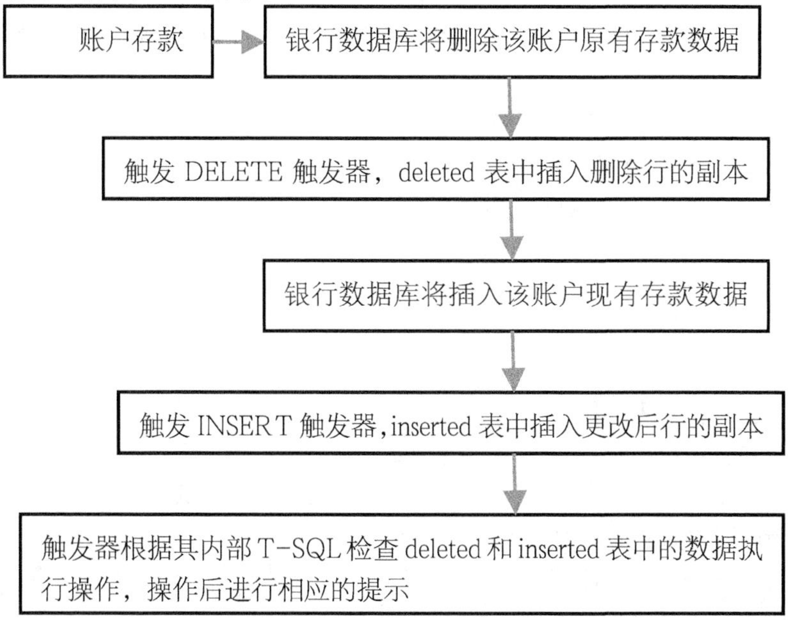

```
┌──────────┐     ┌────────────────────────────┐
│ 账户存款 │ ──▶ │ 银行数据库将删除该账户原有存款数据 │
└──────────┘     └────────────────────────────┘
                              │
                              ▼
        ┌────────────────────────────────────────┐
        │ 触发 DELETE 触发器，deleted 表中插入删除行的副本 │
        └────────────────────────────────────────┘
                              │
                              ▼
        ┌────────────────────────────────────────┐
        │ 银行数据库将插入该账户现有存款数据 │
        └────────────────────────────────────────┘
                              │
                              ▼
        ┌────────────────────────────────────────┐
        │ 触发 INSERT 触发器，inserted 表中插入更改后行的副本 │
        └────────────────────────────────────────┘
                              │
                              ▼
        ┌────────────────────────────────────────────────┐
        │ 触发器根据其内部 T-SQL 检查 deleted 和 inserted 表中的数据执 │
        │ 行操作，操作后进行相应的提示 │
        └────────────────────────────────────────────────┘
```

图 7-26　交易原理

实例参考代码如下。

```
CREATE TRIGGER 存款触发器
ON 交易数据库
FOR UPDATE
AS
DECLARE @beforemoney money,@aftermoney money
```

```
--定义账户初始余额，存款后余额
SELECT @beforemoney=currentmoney from deleted
--从 deleted 获取账户初始余额
SELECT @aftermoney=currentmoney from inserted
--从 inserted 获取账户存款后余额
IF abs(@aftermoney-@beforemoney)>10000
BEGIN
PRINT'每次存款金额不超过一万元'
ROLLBACK
--取消操作
END
GO
```

7.4 本章小结

本章主要讲解了存储过程及触发器的基本概念和具体使用方法。通过本章的学习，应该了解、掌握如下知识。

1. 了解存储器的基本概念、优点及分类。

2. 掌握存储过程的创建及管理方法，能够熟练使用 SSMS 和 T-SQL 语句创建，其中包括：无参数存储过程，输入参数存储过程（常量传值的调用方法、变量传值的调用方法），使用默认参数存储过程，输出（OUTPUT）参数的存储过程，查看、修改、删除存储过程。

3. 了解触发器的基本概念、优点及分类。了解 INSERT、UPDATE 或 DELETE 触发器原理。了解 inserted 和 deleted 表。

4. 掌握存储过程的创建及管理方法，能够熟练使用 SSMS 和 T-SQL 语句创建 DML 触发器（AFTER 或 INSTEAD OF 的 INSERT、UPDATE 或 DELETE 触发器）和 DDL 触发器（服务器作用域和数据库作用域触发器），查看、修改、删除、启用、禁用触发器等操作。

7.5 课后习题

一、选择题

1. 用于创建存储过程的 SQL 语句为（   ）。

A. CREATE　DATABASE　　　　　　B. CREATE　TRIGGER

C. CREATE　PROCEDURE　　　　　　D. CREATE　TABLE

2. 下面关于存储过程的描述不正确的是（   ）。

A. 存储过程实际上是一组 T-SQL 语句

B. 存储过程预先被编译存放在服务器的系统表中

C. 存储过程独立于数据库而存在，可供数据库用户随时调用

D. 主要在交互查询时作为用户接口

3. 下面关于 CREATE PROCEDURE 语句的描述正确的是（   ）。

A. CREATE PROCEDURE 语句中不允许出现其他 CREATE PROCEDURE 语句，即不允许嵌套使用 CREATE PROCEDURE 语句

B. CREATE PROCEDURE 语句中不允许出现多个 SELECT 语句

C. CREATE PROCEDURE 语句中不允许出现子查询

D. CREATE PROCEDURE 语句中不允许出现 CREATE TABLE

4. SQL Server 有两类触发器，它们是（　　　）。

A. AFTER， INSTEAD OF 　　　　　　　B. AFTER， TRUNCATE

C. INSTEAD OF，TRUNCATE 　　　　　　D. REPLICATION，TRUNCATE

5. 下面关于触发器的描述不正确的是（　　　）。

A. 它是一种特殊的存储过程

B. 可以实现复杂的商业逻辑

C. 对于某类操作，程序员可以创建不同的触发器

D. 触发器与约束功能基本一样

6. EXEC xp_logininfo 的功能为（　　　）。

A. 查看表 logininfo 的约束信息　　　　　B. 查看账户信息

C. 查看当前登录信息　　　　　　　　　　D. 查看当前权限

7. CREATE TRIGGER 语句中的 WITH ENCRYPTION 参数的作用是（　　　）。

A. 加密触发器文件　　　　　　　　　　　B. 加密定义触发器的数据库

C. 加密定义触发器的数据库的数据　　　　D. 以上都对

二、填空题

1. 系统存储过程_____是用来显示规则、默认值、未加密的存储过程，用户定义函数，触发或视图的文本。

2. 用_____语句可以删除触发器。

3. 触发器可以划分为 3 种类别：_____、_____、_____。

4. 触发器定义在一个表中，当在表中执行_____、_____或_____操作时被触发自动执行。

5. 写出下列每条语句或程序段的功能。

假设存在名为 Stu 的数据库，由 Students［学号 char(8)，姓名 varchar(8)，年龄 int，专业 varchar(20)，入学日期 DateTime］和 Score［学号 char(8)，课程名 varchar(10),成绩 numeric(5,2)］两张表组成。

（1）CREATE PROCEDURE Stu1

　　　AS

　　　BEGIN

　　　SELECT *

　　　FROM Students x,Score y

　　　WHERE x.学号=y.学号

　　　END

　　　（　　　　　　　　　　　　　　　）

（2）CREATE PROCEDURE Stu2

　　　AS

　　　BEGIN

　　　SELECT x.学号,x.姓名,x.专业,count(*) as 门数

　　　FROM Students x,Score y

网络数据库 SQL Server 2012 教程

WHERE x.学号=y.学号
GROUP BY x.学号,x.姓名,x.专业
END
(   )
（3）CREATE PROCEDURE Stu3
@a char(8),@b varchar(10),@c numeric(5,2)
(   )
AS
BEGIN
UPDATE score
SET 成绩=@c
WHERE 学号=@a and 课程名=@b
END
(   )

三、编程题

根据前面章节所创建的图书管理数据库"LibManage"，进行存储过程和触发器的编写。

（1）新建存储过程 P_L1，它能够通过姓名查询读者的借书信息情况，包括借书证号、姓名、书名、借阅日期。该存储过程默认显示为所有读者的借书信息。

参考代码：

```
USE LibManage
GO
CREATE PROCEDURE P_L1 @name char(10) =NULL
AS
BEGIN
IF  @name IS NULL
SELECT R.借书证号 , R.姓名 ,B.书名 , L.借阅日期
FROM Reader AS R INNER JOIN Library AS L ON R.借书证号 =L.借书证号
          INNER JOIN Book AS B ON L.书号 = B.书号
ELSE
SELECT R.借书证号 , R.姓名 ,B.书名 , L.借阅日期
FROM Reader AS R INNER JOIN Library AS L ON R.借书证号 =L.借书证号
          INNER JOIN Book AS B ON L.书号 = B.书号
WHERE R.姓名 = @name
END
```

（2）新建（OUTPUT）存储过程"P_L2"，它能够查询读者的借书数量，查询后提示"该读者借阅 X 本书"。

参考代码：

```
USE LibManage
GO
CREATE PROCEDURE P_L2
@name Varchar(10) ,
@count int  OUTPUT
AS
BEGIN
```

```
SELECT  @count =count(*)
FROM Reader AS R ,Library AS L, Book AS B
WHERE  R.借书证号 =L.借书证号 AND L.书号 = B.书号 AND @name=R.姓名
END
```

执行代码:
```
DECLARE @count int ,@rname varchar(10)
SET @rname='钟凯'
EXEC  P_L2 @rname ,@count = @count output
PRINT'该读者借阅'+ convert(varchar(2),@count)+'本书'
```

（3）创建触发器"T_1"，当插入一名读者的信息后，提示"该读者添加完毕"。

参考代码:
```
CREATE TRIGGER T_1
ON Reader
AFTER INSERT
AS
BEGIN
PRINT'该读者添加完毕'
END
GO
```

执行代码:
```
INSERT Reader(借书证号,姓名,性别,年龄,工作单位 ,联系电话)
VALUES(9,'陈星','男',29,'新华中学' ,28772652)
```

（4）创建触发器"T_2"，当更新一名读者的信息时，会提示"禁止修改读者信息"。
```
CREATE TRIGGER T_2
ON Reader
AFTER UPDATE
AS
BEGIN
IF  UPDATE(姓名)
BEGIN
PRINT'禁止修改读者信息'
ROLLBACK
END
END
GO
```

执行代码:
```
UPDATE Reader set 姓名 = '李明'
```

（5）创建触发器"T_3"，当删除一名读者时，其相应的借书信息也全部删除，并提示"该读者已被删除"。
```
CREATE TRIGGER T_3
ON Reader
AFTER  DELETE
AS
DELETE FROM Library
WHERE Library.书号
IN (SELECT 书号 FROM DELETED)
PRINT'该读者已被删除'
GO
```

执行代码:
```
DELETE Reader WHERE 姓名 = '钟凯'
```

第 8 章
数据库安全与保护

教学提示

　　本章将详细介绍 SQL Server 2012 的安全机制、登录、用户、角色和权限配置等内容，使得管理员使用 SQL Server 安全管理工具构造灵活的、可管理的安全策略。在实际应用中，用户可以根据系统对安全性的不同需求，采用合适的方式来完成数据库系统安全体系的设计。

教学目标

- 了解 SQL Server 2012 数据库的安全机制
- 掌握 SQL Server 2012 的验证模式和配置
- 熟练使用 SQL Server 2012 登录账户的创建和管理
- 掌握 SQL Server 2012 数据库用户的作用和创建的方法
- 熟练使用 SQL Server 2012 进行数据库访问权限的设定
- 熟练使用 SQL Server 2012 备份和还原数据库
- 熟练使用 SQL Server 2012 导入和导出数据库

8.1　数据库安全性概述

　　数据库是电子商务、金融以及 ERP 系统的基础，通常都保存着重要的商业数据和客户信息，例如交易记录、工程数据和个人资料等。因此，保证数据库系统的安全性是每个数据库管理员的基本责任，作为数据库系统管理员，需要深入理解 SQL Server 2012 的安全性，以实现数据库的安全管理。

　　SQL Server 2012 数据库的安全性是指保护数据库，以防止不合法的使用造成数据的泄露、更改和破坏。数据库的安全性和计算机系统的安全性，包括操作系统、网络系统的安全性是紧密联系、相互支持的。本章节我们将介绍数据库本身的安全管理。

　　数据库的安全主要是通过对数据库用户的合法性和操作权限的管理来实现的。

1．数据库的安全管理

　　SQL Server 2012 安全性的管理包括以下几个方面：数据库系统登录管理、数据库用户管理、数据库系统角色管理以及数据库访问权限管理。

　　SQL Server 2012 的服务器级安全性建立在控制服务器登录和密码的基础上。SQL Server 2012 采用了标准 SQL Server 登录和集成 Windows 登录两种方式。无论使用哪种登录方式，用户在登录时提供的登录账号和密码决定了用户能否获得 SQL Server 2012

的访问权限以及用户在访问 SQL Server 2012 进程时可以拥有的权利。管理和设计合理的登录方式是 SQL Server 2012 数据库管理员的重要任务，是 SQL Serve 2012 安全体系中重要的组成部分。

在建立用户的登录账号信息时，SQL Server 2012 会提示用户选择默认的数据库，并需要给用户分配权限。以后用户每次连接服务器后，都会自动转到默认的数据库上。对任何用户来说，如果在设置登录账号时没有指定默认的数据库，则用户的权限将局限在 master 数据库以内。SQL Server 2012 在数据库级的安全级别上也设置了角色，并允许用户在数据库上建立新的角色，然后为该角色授予多个权限，最后通过角色将权限赋予 SQL Server 2012 的用户，使用户获取具体数据库的操作权限。

数据库对象的安全性是核查用户权限的最后一个安全等级。在创建数据库对象的时候，SQL Server 2012 将自动把该数据库对象的拥有权赋予该对象的所有者。对象的拥有者可以实现该对象的安全控制。

数据对象访问的权限定义了用户对数据库中数据对象的引用、数据操作语句的许可权。这部分工作通过定义对象和语句的许可权限来实现。

SQL Server 2012 处理安全模型的 3 个层次对于用户权限的划分不存在包含的关系，但是它们相邻的层次通过映射账号建立关联。例如，用户访问数据的时候经过 3 个阶段：第一阶段：用户必须登录到 SQL Server 实例进行身份鉴别，被确认合法才能登录到 SQL Server 实例。第二阶段：用户在每个要访问的数据库里必须有一个账号，SQL Server 实例将 SQL Server 登录映射到数据库用户账号上，在这个数据库的账号上定义数据库的管理和数据对象访问的安全策略。第三阶段：检查用户是否具有访问数据库对象、执行动作的权限。经过语句许可权限的验证，实现对数据的操作。

2．数据完整性

数据完整性也应视为安全问题。如果数据不加保护，则在允许对数据执行临时操作并且数据被有意或无意修改（添加错误的值或完全删除）的情况下，数据可能会变得毫无价值。

数据完整性包括数据的正确性、有效性和一致性。正确性是指数据的输入值与数据表对应域的类型一样；有效性是指数据库中的理论数值满足现实应用中对该数值段的约束；一致性是指不同用户使用的同一数据应该是一样的。保证数据的完整性，需要防止合法用户使用数据库时向数据库中加入不合语义的数据。

SQL Server 数据库应用程序的安全要求应该在设计时就加以考虑，而不应事后再考虑。在开发周期的初期评估威胁，可以减轻检测到漏洞时造成的潜在损害。即使应用程序的初始设计非常可靠，但随着系统的发展，仍可能会出现新的威胁。通过在数据库周围构建多道防线，可以最大限度地减轻安全侵犯事件所造成的损害。

SQL Server 提供的安全体系结构，是在允许数据库管理员和开发人员创建安全的数据库应用程序并抵御威胁。通过引入新功能，SQL Server 的每个版本都在先前的 SQL Server 版本基础上得到改善。但是安全性并不是现成的，每个应用程序都具有其独特的安全要求。开发人员需要了解哪些功能组合最适合抵御已知的威胁，并需要预见未来可能出现的威胁。

8.2　SQL Server 身份验证模式

SQL Server 身份验证模式指如何处理用户名和密码。SQL Server 2012 提供了两种验证模式：Windows 身份验证模式和混合模式。

8.2.1　Windows 身份验证模式

Windows 身份验证是默认模式（通常称为集成安全），因为 SQL Server 安全模型与 Windows 紧密集成。信任特定 Windows 用户和组账户登录 SQL Server。已经过身份验证的 Windows 用户不必提供附加的凭据。

当使用 Windows 身份验证连接到 SQL Server 时，Windows 将完全负责对客户端进行身份验证。在这种情况下，将按其 Windows 用户账户来识别客户端。当用户通过 Windows 用户账户进行连接时，SQL Server 使用 Windows 操作系统中的信息验证账户名和密码，用户不必重复提交登录名和密码。

Windows 身份验证模式有以下优点：

数据库管理员的工作可以集中在管理数据上面，而不是管理用户账户。对用户账户的管理可交给 Windows 去完成。

Windows 有着更强的用户账户管理工具，可以设置账户锁定、密码期限等。如果不是通过定制来扩展 SQL Server，SQL Server 是不具备这些功能的。Windows 的组合策略支持多个用户同时被授权访问 SQL Server。

当数据库仅在内部访问时，使用 Windows 身份验证模式可以获得最佳的工作效率。在这种模式下，域用户不需要独立的 SQL Server 用户账户和密码就可以访问数据库，如果用户更新了自己的域密码，也不必更改 SQL Server 2012 的密码。但是该模式下用户仍然要遵从 Windows 安全模式的所有规则，可以用这种模式去锁定账户、审核登录和迫使用户周期性地更改登录密码。

在默认情况下，SQL Server 2012 使用本地账户来登录。

【例 8-1】创建 Windows 登录账户 StuManager，并用此账户登录 SQL Server 服务器。

操作步骤如下。

（1）打开本计算机"控制面板" → "管理工具" → "计算机管理"界面，如图 8-1 所示。

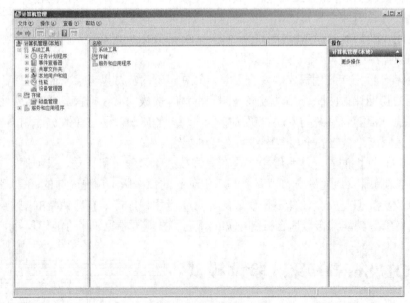

图 8-1　计算机管理界面

（2）展开"本地用户和组"菜单，右键单击"用户"按钮，选择"新用户"，如图 8-2
所示。

图 8-2　选择"新用户"

（3）打开"新用户"对话框，在其中输入用户名为 StuManager，设置相应的密码，并选
择"密码永不过期"选项，如图 8-3 所示。

图 8-3　新用户对话框

（4）设置完成后，单击"创建"按钮。关闭新用户对话框，在用户选项中出现新的用户
账户，如图 8-4 所示。

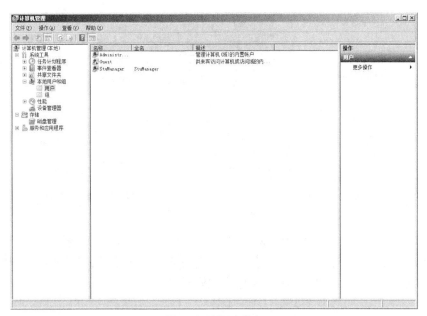

图 8-4　新用户账户

（5）创建用户账户完成后，可以创建要映射到这个账户上的 Windows 登录了。打开 SQL Server Management Studio，打开"服务器"→"安全性"→"登录名"，如图 8-5 所示。

图 8-5　打开"登录名"

（6）右键单击"登录名"，在出现的快捷菜单中选择"新建登录名"，打开"登录名-新建"界面，如图 8-6 所示。

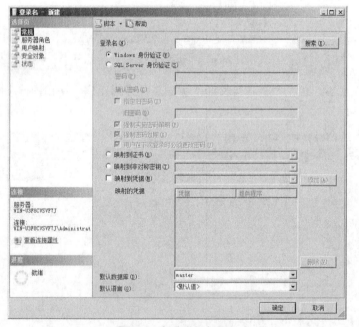

图 8-6　新建登录名界面

（7）单击"登录名"对话框中右侧的"搜索"按钮，在弹出的"选择用户和组"界面中输入 StuManager，单击"确定"按钮，"登录名"选项会自动出现新的登录名（登录名格式为：计算机名\StuManager），单击"确定"按钮，完成创建，如图 8-7 所示。

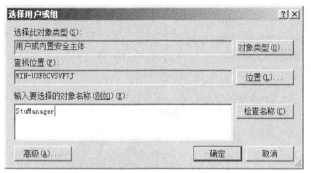

图 8-7　"选择用户或组"界面

（8）创建完成后，使用 StuManager 用户名登录本地计算机，并可直接使用 Windows 身份验证方式连接到服务器，如图 8-8 所示。

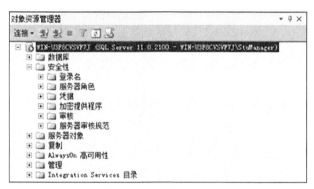

图 8-8　Windows 身份验证登录后界面

8.2.2　混合身份验证

混合身份验证模式是指用户连接 SQL Server 服务器的时候，既可以使用 Windows 身份验证，也可以使用 SQL Server 身份验证。用户名和密码保留在 SQL Server 内，使用的具体验证方式取决于在最初的通信时使用的网络库。如果一个用户使用 TCP/IP Sockets 进行登录验证，则使用 SQL Server 身份验证；如果用户使用命名管道，则登录时将使用 Windows 身份验证。

SQL Server 身份验证中，管理员在 SQL Server 内部创建 SQL Server 登录名，任何连接 SQL Server 的用户都必须提供有效的 SQL Server 登录名和密码。服务器将其存储在系统表中的登录名和密码进行比较，来进行身份验证。依赖登录名和密码的连接称为非信任连接或者 SQL Server 连接。

SQL Server 建议尽可能使用 Windows 身份验证，如果必须选择混合模式身份验证并且要求使用 SQL Server 登录名以适应早期应用程序，则必须为所有 SQL Server 用户设置强密码。

8.2.3　设置身份验证模式

SQL Server 2012 提供了两种验证模式，而具体使用哪种则需要根据不同用户的实际情况来进行选择。在 SQL Server 2012 的安装过程中，用户就需要指定 SQL Server 2012 的身份验证模式，这样在使用 SQL Server 2012 时才可以确定使用的身份验证方式。

除了在安装时指定身份验证模式外，还可以对已指定验证模式的 SQL Server 2012 服务器进行修改。

操作步骤如下。

（1）启动 SQL Server Management Studio，连接服务器后，展开树状目录，右键单击服务器，在弹出的快捷菜单中选择"属性"命令，如图 8-9 所示。

图 8-9　选择"属性"命令

（2）打开"服务器属性"对话框，在左侧"选择页"页面中选择"安全性"选项。在右侧可以选择服务器身份验证模式，如图 8-10 所示。

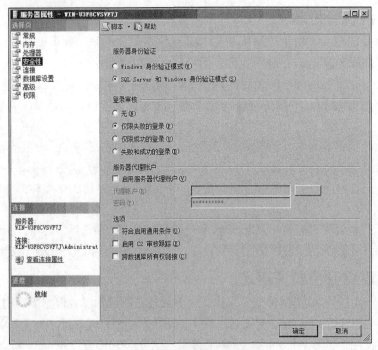

图 8-10　"服务器属性"对话框

（3）修改完成后，需重启 SQL Server 后方可生效，如图 8-11 所示。

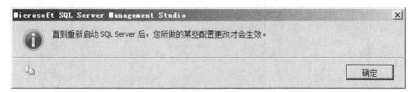

图 8-11　提示

8.3　数据库的访问权限

数据库的访问权限包括用户管理和权限管理两部分。

8.3.1　SQL Server 用户管理

前面学习了 SQL Server 的身份验证，用来提高数据库的安全性。但是在 SQL Server 2012 中，登录账户只是让用户登录到 SQL Server 中，登录名本身并不能让用户访问服务器中的数据库。要访问特定的数据库，还必须具有数据库用户名。数据库用户在特定的数据库内创建，并关联一个登录名 (当一个用户创建时，必须关联一个登录名)，通过授权给用户指定用户可以访问数据库对象的权限。

【例 8-2】创建 SQL Server 用户 StuManager，并用此账户登录 SQL Server 服务器。

操作步骤如下。

（1）打开 SQL Server Management Studio，打开"服务器"→"安全性"→"登录名"。右键单击"登录名"按钮，选择"新建登录名"选项。打开"登录名-新建"界面，如图 8-12 所示。

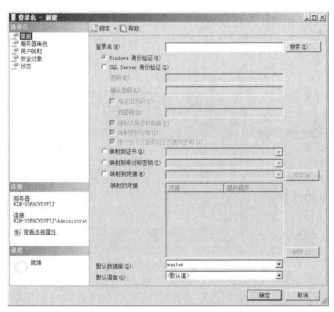

图 8-12　"登录名-新建"界面

（2）在"登录名-新建"界面，选中"SQL Server 身份验证"，然后输入登录名 StuManager 并自行设定密码，禁用"强制实施密码策略"和"强制密码过期"两个选项，如图 8-13 所示。

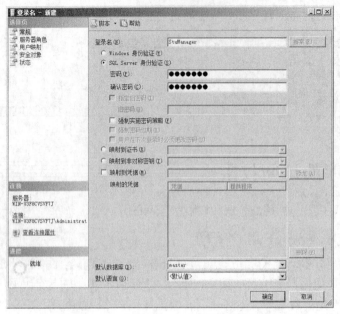

图 8-13 "SQL Server 身份验证"界面

（3）单击页面左侧的"用户映射"选项，在"映射到此登录名的用户"选项中选择"master"数据库和"StuInfo"数据库，系统会自动创建和登录名同名的数据库用户，如图 8-14 所示。"数据库角色成员身份"默认选择 public，拥有最小权限。

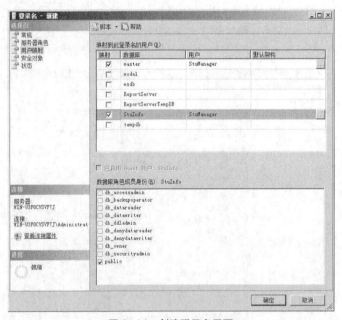

图 8-14 创建登录名界面

（4）单击"确定"按钮，完成 SQL Server 登录账户 StuManager 的创建。

为测试 StuManager 账户创建是否成功，我们用 StuManager 账户登录 SQL Server 服务器。

（5）按照 8.2.3 章节的介绍，修改数据库的身份验证模式，并重启服务器，如图 8-15 所示。

图 8-15　重启服务器

（6）重新打开 SQL Server Management Studio，在"连接到服务器"界面中"身份验证"选项选择"SQL Server 身份验证"，在登录名中输入 StuManager 并在密码项中输入相应的密码，单击"连接"按钮，如图 8-16 所示。

图 8-16　"连接服务器"界面

（7）登录服务器后可查看当前服务器的数据库对象，如图 8-17 所示。

图 8-17　对象资源管理器

这里需要注意，由于我们之前在设置的时候只选择了"master"数据库和"StuInfo"数据库，所以当前登录只能访问该数据库，而并未拥有其他数据库的访问权限，当访问其他数据库时，就会提示错误信息。

打开"StuInfo"数据库，由于并未给该登录账户配置任何权限，所以当前登录只能进入数据库而并不能执行任何操作，否则将会提示错误信息。

8.3.2　数据库用户管理

使用数据库用户账户可限制访问数据库的范围，默认的数据库用户有：dbo 用户、guest 用户和 sys 用户等。

1．dbo 用户

数据库所有者或 dbo 是个特殊类型的数据库用户，并且它被授予特殊的权限。一般来说，创建数据库的用户是数据库的所有者。dbo 被隐式授予对数据库的所有权限，并且能将这些权限授予其他用户。因为 sysadmin 服务器角色的成员被自动映射为特殊用户 dbo，所以 sysadmin 角色成员也能执行 dbo 能执行的任何任务。

2．guest 用户

guest 用户是一个使用户能连接到数据库并允许具有有效 SQL Server 登录的任何人访问数据库的特殊用户。以 guest 账户访问数据库的用户账户被认为是 guest 用户的身份并且继承 guest 账户的所有权限和许可。

3．sys 和 INFORMATION_SCHEMA 用户

所有系统对象包含于 sys 或 INFORMATION_SCHEMA 的架构中。这是创建在每一个数据库中的两个特殊架构，但是它们仅在 master 数据库中可见。相关的 sys 和 INFORMATION_SCHEMA 架构的视图提供存储在数据库里所有数据对象元数据的内部系统视图。sys 和 INFORMATION_SCHEMA 用户用于引用到这些视图。

创建新的数据库用户可以有两种方法，一种是利用 SQL Server Management Studio 创建，另一种是利用系统存储过程实现。

【例 8-3】利用 SQL Server Management Studio 创建用户账户。

操作步骤如下。

（1）打开 SQL Server Management Studio，打开"服务器" → "数据库" → "StuInfo" → "安全性" → "用户"。右键单击"用户"按钮，选择"新建用户"选项，如图 8-18 所示。

图 8-18　选择"新建用户"

（2）打开"数据库用户–新建"页面，在"用户类型"中选择所需选项，这里选择"带登录名的 SQL 用户"。

（3）在"用户名"中输入 student 来指定要创建的数据库用户名称。

（4）在"登录名"框中，单击右侧的 ⌷⌷⌷ 按钮，在弹出的"选择登录名"页面中，单击"浏览"按钮，根据要求选择匹配对象，这里选择 administrator 选项，单击"确定"按钮。如图 8-19 所示。

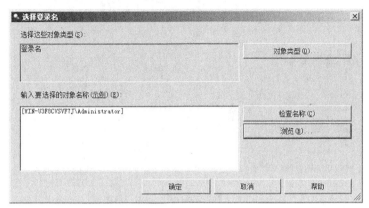

图 8-19　"选择登录名"界面

（5）在"默认架构"框中，单击右侧的 ⌷⌷⌷ 按钮，在弹出的"选择架构"页面中，单击"浏览"按钮，根据要求选择匹配对象，这里选择 dbo 选项，单击"确定"按钮，如图 8-20 所示。

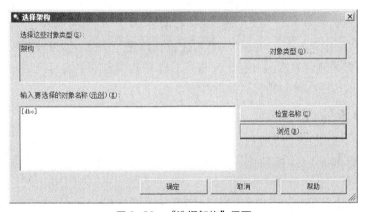

图 8-20　"选择架构"界面

（6）完成所有设定后，单击"确定"按钮，完成创建，如图 8-21 所示。

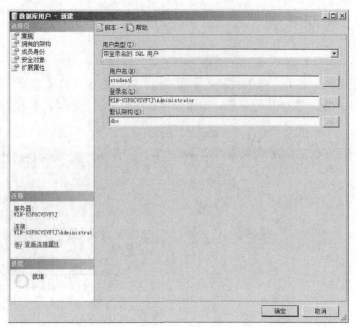

图 8-21 "数据库用户-新建"对话框

（7）为了验证是否创建成功，可以刷新"用户"节点，此时在"用户"节点列表中就可以看到新创建的 student 用户。

8.3.3 数据库用户权限

权限是执行操作、访问数据的通行证。只有拥有了针对某种安全对象的指定权限，才能对该对象执行相应的操作。在 SQL Server 2012 中，不同的对象拥有不同的权限。SQL Server 2012 使用权限是访问权限设置的最后一道安全设施。如果按照权限是否进行预定义，可以把权限分为预定义权限和自定义权限；如果按照权限是否与特定的对象有关联，分为针对所有对象的权限和针对特殊对象的权限。

8.3.4 角色管理

在 SQL Server 2012 中，使用 SQL Server 用户连接服务器，使用数据库用户进入数据库，但是如果不为登录账户分配权限，则依然无法对数据库中的数据进行访问和管理。SQL Server 2012 使用角色来集中管理数据库或服务器的权限。按照角色的作用范围，可以将角色分为两类：服务器角色和数据库角色，如表 8-1 和表 8-2 所示。

表 8-1 服务器角色

服务器角色	说明
sysadmin	可以在服务器中执行任何活动
serveradmin	可以更改服务器范围内的配置选项并关闭服务器
securityadmin	管理登录名及其属性。它们可以 GRANT、DENY 和 REVOKE 服务器权限
processadmin	可以终止在 SQL Server 实例中运行的进程
setupadmin	可以通过使用 Transact-SQL 语句添加和删除链接服务器
bulkadmin	可以运行 BULK INSERT 语句

服务器角色	说明
diskadmin	用于管理磁盘文件
dbcreator	可以创建、更改、删除和还原任何数据库
public	每个 SQL Server 登录名均属于 public 服务器角色。如果未向某个服务器主体授予或拒绝对某个安全对象的特定权限，该用户将继承授予该对象的 public 角色的权限

表 8-2   数据库角色

数据库角色	说明
db_owner	可以执行数据库的所有配置和维护活动，还可以删除数据库
db_securityadmin	可以修改角色成员身份和管理权限。向此角色中添加主体可能会导致意外的权限升级
db_accessadmin	可以为 Windows 登录名、Windows 组和 SQL Server 登录名添加或删除数据库访问权限
db_backupoperator	可以备份数据库
db_ddladmin	可以在数据库中运行任何数据定义语言（DDL）命令
db_datawriter	可以在所有用户表中添加、删除或更改数据
db_datareader	可以从所有用户表中读取所有数据
db_denydatawriter	不能添加、修改或删除数据库内用户表中的任何数据
db_denydatareader	不能读取数据库内用户表中的任何数据

【例 8-4】利用 SQL Server Management Studio 向 StuInfo 数据库中添加数据库角色 myself。操作步骤如下。

（1）打开 SQL Server Management Studio，打开"服务器"→"数据库"→"StuInfo"→"安全性"→"角色"→"数据库角色"。右键单击"数据库角色"按钮，选择"新建数据库角色"选项，如图 8-22 所示。

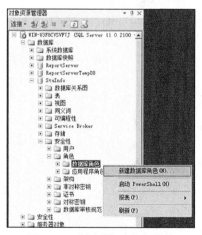

图 8-22 创建数据库角色菜单

（2）打开"数据库角色-新建"页面，根据需要进行设置。

● 角色名称：输入角色名称。

● 所有者：显示角色的所有者。

● 此角色拥有的架构：选择或者查看此角色拥有的架构。

● 此角色的成员：从所有可用数据库用户的列表中选择角色的成员身份。

设置完成后，可根据需要再设置"安全对象"和"扩展属性"。

（3）单击"确定"按钮，完成创建。

8.3.5 角色权限

向角色而不是用户授予权限可简化安全管理。分配给角色的权限集由该角色的所有成员继承。在角色中添加或移除用户要比为单个用户重新创建单独的权限集更为简便。角色可以嵌套，但是嵌套的级别太多会降低性能。也可以将用户添加到数据库角色来简化权限的分配，可以授予架构级别的权限。对于在架构中创建的所有新对象，用户可以自动继承权限，无须在创建新对象时授予权限。

1．授予权限

为了允许用户执行某些活动或者操作数据，需要授予相应的权限，使用 GRANT 语句进行授权活动。基本语法如下。

```
GRANT
{ALL |statement[, ...n]}
TO security_ account [, . . .n]
```

其中各个参数的含义如下。

ALL 表示授予所有可以应用的权限。

Statement 表示可以授予权限的命令，例如 CREATE DATABASE。

security_account 定义被授予权限的用户单位，security_account 可以是 SQL Scrvcr 的数据库用户，可以是 SQL Server 的角色，也可以是 Windows 的用户或工作组。

2．撤销权限

REVOKE 语句撤销权限，这是新对象的默认状态。从用户或角色撤销的权限仍可以从主体分配到其他组或角色继承。

3．拒绝权限

DENY 撤销一个权限，使其不能被继承。DENY 优先于所有权限，只是不适用于对象所有者或 sysadmin 的成员。如果您针对 public 角色对某个对象执行 DENY 权限语句，则会拒绝该对象的所有者和 sysadmin 成员以外的所有用户和角色访问该对象。

8.4 数据库备份与恢复

数据是存放在计算机上的，即使是最可靠的软件和硬件，也可能出现故障。备份与恢复数据库能应对意外的数据库丢失、数据库损坏，硬件故障甚至是自然灾害造成的损害。作为一个数据库管理员，对数据库执行备份并在意外发生时通过备份恢复数据是最基本的职责。

8.4.1 数据库备份

1．备份的方式

SQL Server 2012 提供了多种备份方式，分为完整备份、差异备份、事务日志备份、数据库文件和文件组备份。

完整备份：完整数据库备份就是备份整个数据库，备份数据库文件、这些文件的地址以及事务日志的某些部分（从备份开始时所记录的日志顺序号到备份结束时的日志顺序号），这是任何备份策略中都要求完成的第一种备份类型，因为其他所有备份类型都依赖于完整备份。完整备份使用的存储空间比差异备份使用的存储空间大，由于完成完整备份需要更多的时间，因此创建完整备份的频率常常低于创建差异备份的频率。

差异备份：差异备份是指将从最近一次完全数据库备份以后发生改变的数据进行备份。如果在完整备份后将某个文件添加至数据库，则下一个差异备份会包括该新文件。这样可以方便地备份数据库，而无须了解各个文件。差异备份能够加快备份速度，缩短备份时间。

事务日志备份：尽管事务日志备份依赖于完整备份，但并不备份数据库本身。这种类型的备份只记录事务日志的适当部分，即自从上一个事务以来已经发生了变化的部分。事务日志备份比完整数据库节省时间和空间，而且利用事务日志进行恢复时，可以指定恢复到某一个时间，比如可以将其恢复到某个破坏性操作执行之前，这是完整备份和差异备份所不能做到的。通常，事务日志备份比完整备份使用的资源少。因此，为了降低数据丢失的风险，可以比完整备份更加频繁地创建事务日志备份。

数据库文件和文件组备份：当一个数据库很大时，对整个数据库进行备份可能会花很多时间，这时可以采用文件和文件组备份，即对数据库中的部分文件或文件组进行备份。

文件组是种将数据库存放在多个文件上的方法，并允许控制数据库对象（比如表或视图）存储到这些文件当中的哪些文件上。这样，数据库就不会受到只存储在单个硬盘上的限制，而是可以分散到许多硬盘上，因而会变得非常大。利用文件组备份，每次可以备份这些文件当中的一个或多个文件，而不是同时备份整个数据库。

2．备份设备

备份设备是用来存储数据库、事务日志或文件和文件组备份的存储介质。下面将具体介绍一些常用的备份设备，以及如何创建和管理这些设备。

【例 8-5】使用 SQL Server Management Studio 创建备份设备。

操作步骤如下。

（1）启动 SQL Server Management Studio，连接服务器后，展开树状目录，展开"服务器对象"选项，右键单击"备份设备选项"，选择"新建备份设备"选项，如图 8-23 所示。

图 8-23　新建备份设备菜单

（2）打开"备份设备"页面，在"设备名称"中输入"StuInfo"，单击"确定"按钮，完成设置，如图 8-24 所示。

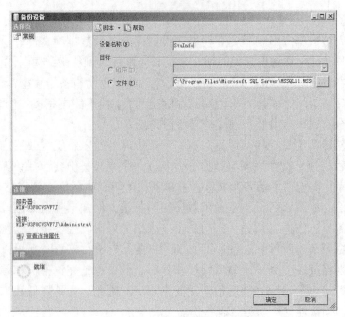

图 8-24　"备份设备"对话框

3. 使用 SQL Server Management Studio 备份数据库

【例 8-6】使用 SQL Server Management Studio 备份 StuInfo 数据库。

操作步骤如下。

（1）启动 SQL Server Management Studio，连接服务器后，展开树状目录，右键单击数据库"StuInfo"，在弹出的快捷菜单中选择"任务"→"备份"命令，如图 8-25 所示。

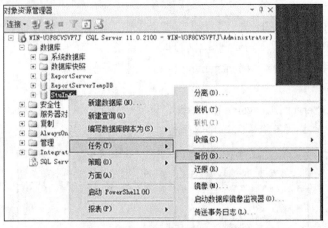

图 8-25　备份菜单

（2）打开"备份数据库"对话框，在"常规"选择页也需要设置以下内容，如图 8-26 所示。

- 数据库：在"数据库"列表中选择"StuInfo"选项。
- 备份类型：默认选择"完整"备份，可根据需求选择"差异"或者"事务日志"选项。
- 备份组件：默认选择"数据库"，可根据需求选择"文件和文件组"选项。
- 名称：备份后的文件名。
- 备份到：默认选择"磁盘"，并可根据需求选择要备份到的位置。

图 8-26　"备份数据库"对话框

（3）在"选项页"列表框中选择"选项"选项，在"覆盖介质"选项组中选择"覆盖所有现有备份集"，如图 8-27 所示。

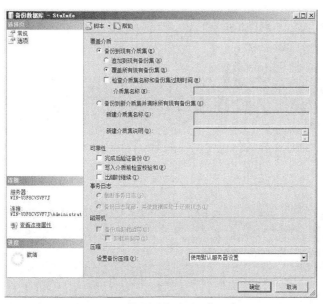

图 8-27　"备份数据库选项"对话框

（4）确认所有选项选择完毕后，单击"确定"按钮，执行备份操作，备份完成后弹出备份成功的信息，如图 8-28 所示。

图 8-28　提示信息

使用 SQL Server Management Studio 进行完整备份、差异备份、事务日志备份、文件和文件组备份的方式基本一致，在这里就不逐一介绍了。

4. 使用 T-SQL 语句备份数据库

除了使用 SQL Server Management Studio 进行备份，我们还可以利用 T-SQL 语句进行数据库的备份。T-SQL 语句为不同的备份方式提供了不同的语句，下面简单介绍一下这些备份语句。

（1）完整备份。语法格式：

```
BACKUP DATABASE database
TO backup_device [ , ...n]
[ WITH with_options [ , ...o] ] ;
```

参数说明：

database 指定了要备份的数据库。

backup device 是备份的目标设备。

WITH 子句指定备份选项，这里仅列出最常用的选项。

　　NAME=backup_ set _name 指定了备份的名称。

　　DESCRIPTION='TEXT' 给出了备份的描述。

　　INIT|NOINIT　INIT 表示新备份的数据覆盖当前备份设备里的每一项内容，即原来在此设备上的数据信息都将不存在了，NOINIT 表示新备份的数据添加到备份设备上已有内容的后面。

COMPRESSION|NO_ COMPRESSION COMPRESSION 表示启用备份压缩功能，NO COMPRESSION 表示不启用备份压缩功能。

【例 8-7】 完整备份 StuInfo 数据库。

```
BACKUP DATABASE StuInfo
TO StuInfo
WITH INIT,
NAME = 'StuInfo_backup'
```

（2）差异备份。创建差异备份也可以使用 BACKUP 语句，进行差异备份的语法与完整备份的语法相似。

语法格式：

```
BACKUP DATABASE database_name
TO <backup_device>
WITH DIFFERENTIAL
```

【例 8-8】 差异备份 StuInfo 数据库。

```
BACKUP DATABASE StuInfo
TO StuInfo
WITH DIFFERENTIAL
```

（3）事务日志备份。语法格式：

```
BACKUP LOG database
TO backup_device [ , ...n]
[ WITH with_options [ , ...o] ] ;
```

（4）文件和文件组备份。语法格式：

```
BACKUP DATABASE database
{ FILE =logical_file_name | FILEGROUP =logical_filegroup_name } [ , ...f]
TO backup_device [ , ...n]
[ WITH with_options [ , ...o] ] ;
```

8.4.2 数据库还原

数据库还原就是让数据库根据备份的数据回到备份时的状态。当恢复数据库时，SQL Server 会自动备份文件中的数据全部复制到数据库，并回滚未完成的事务，以保证数据库中数据的完整性。

数据库还原有两种方式，一种是使用 SQL Server Management Studio 图形化工具，另一种是使用 T-SQL 语句。

1. 使用 SQL Server Management Studio 还原数据库

（1）启动 SQL Server Management Studio，连接服务器后，展开树状目录，右键单击"StuInfo"数据库，选择"任务"→"还原"→"数据库"选项，如图 8-29 所示。

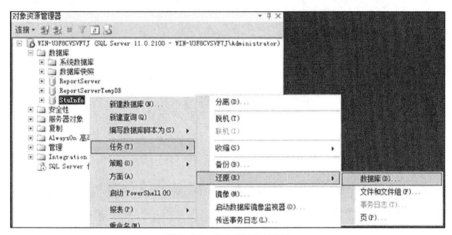

图 8-29 还原数据库菜单

（2）打开"还原数据库"对话框，选择"源"选项中的"设备"选项，并单击██按钮。

（3）打开"选择备份设备"对话框，选择"备份介质类型"为"文件"，并单击"添加"按钮，定位备份文件，完成后单击"确定"按钮，如图 8-30 所示。

图 8-30 "选择备份设备"对话框

（4）返回"还原数据库"对话框，在"要还原的备份集"选项中，选择要还原的备份。如果有多个备份可以复选，如图 8-31 所示。

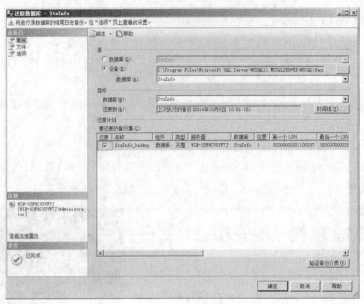

图 8-31　"还原数据库"对话框

（5）单击左侧"选择页"中的"选项"，选择"还原选项"中的"覆盖现有数据库"或根据需求选择其他选项，如图 8-32 所示。

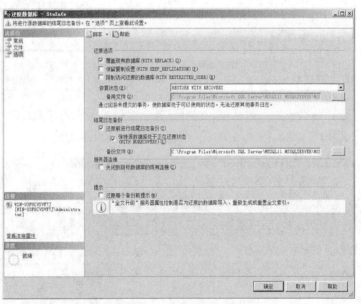

图 8-32　"还原选项"界面

（6）设置完成后，单击"确定"按钮，等待提示，完成还原，如图 8-33 所示。

图 8-33　"完成还原"提示

2. 使用 T-SQL 语句还原数据库

通过 T-SQL 语句可以执行多种还原方案：基于完整数据库备份还原整个数据库（完整还原）；还原数据库的一部分（部分还原）；将特定文件或文件组还原到数据库（文件还原）；将特定页面还原到数据库（页面还原）；将事务日志还原到数据库（事务日志还原）；将数据库恢复到数据库快照捕获的时间点。

本章节，我们只介绍完整还原。语法格式：

```
RESTORE DATABASE <database_name>
FROM <backup_device>
WITH NORECOVERY;
```

8.5   数据库的导入与导出

SQL Server 允许用户在 SQL Server 和异类数据源之间大容量地导入及导出数据，"大容量导出"表示将数据从 SQL Server 表中复制到数据文件，"大容量导入"表示将数据从数据文件中加载到 SQL Server 表中。

8.5.1   数据库的导入

本节将介绍由 Excel 文件导入数据到 SQL Server 中的操作步骤。

【例 8-9】使用 SQL Server Management Studio 将 C 盘 TEST 文件夹下的"学生信息.xls"文件中的数据导入 "StuInfo"数据库中。

操作步骤如下。

（1）启动 SQL Server Management Studio，连接服务器后，展开树状目录，右键单击"StuInfo"数据库，选择"任务"→"导入数据"选项，如图 8-34 所示。

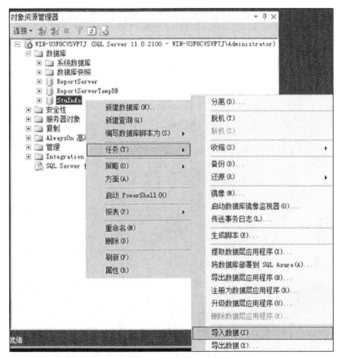

图 8-34   选择"导入数据"

（2）打开"SQL Server 导入和导出向导"界面，单击"下一步"按钮，出现"选择数据源"页面，在"数据源"选项中，选择"Microsoft Excel"选项。在文件路径中选择相应路径，并选择相应版本，单击"下一步"按钮，如图 8-35 所示。

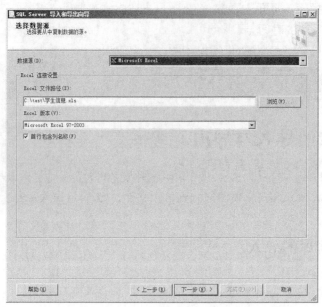

图 8-35 "选择数据源"界面

（3）进入"选择目标"页面，在"目标"下拉列表框里选择"SQL Server Native Client 11.0"，在"服务器名称"下拉列表里输入目标数据库所在服务器名称，选择身份验证及目标数据库后，单击"下一步"按钮，如图 8-36 所示。

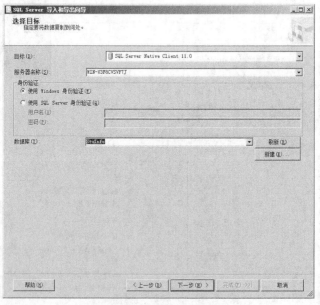

图 8-36 "选择目标"页面

（4）进入"指定表复制或查询"页面，在对话框中选择"复制一个或多个表或视图的数据"单选按钮，单击"下一步"按钮，如图 8-37 所示。

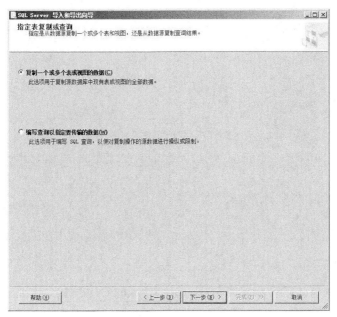

图 8-37　导入和导出向导

（5）进入"选择源表和源视图"页面，在对话框中选择表和视图后，单击"下一步"按钮，如图 8-38 所示。

图 8-38　"选择源表和源视图"对话框

（6）进入"保存并运行包"页面，在此对话框中可以选择是否希望保存 SSIS（SQL Server 集成服务）包，也可以立即执行导入数据操作，单击"下一步"按钮，如图 8-39 所示。

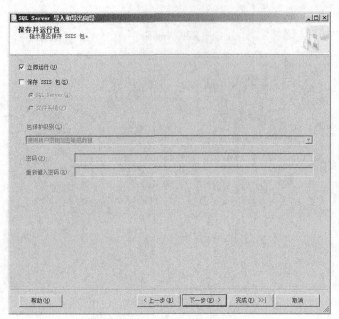

图 8-39　"保存并运行包"对话框

（7）进入"完成该向导"页面，对话框中显示了在该向导中所作的设置，若确认前面的操作正确，单击"完成"按钮后执行数据导入操作，如图 8-40 所示。

图 8-40　"完成该向导"对话框

8.5.2　数据库的导出

本节介绍由 SQL Server 导出数据到 Excel 文件的操作步骤。

【例 8-10】使用 SQL Server Management Studio 将"StuInfo"数据库中"学生信息"表导出到 C 盘根目录下的"学生信息.xls"文件中。

操作步骤如下：

（1）启动 SQL Server Management Studio，连接服务器后，展开树状目录，右键单击"StuInfo"数据库，选择"任务"→"导出数据"选项，如图 8-41 所示。

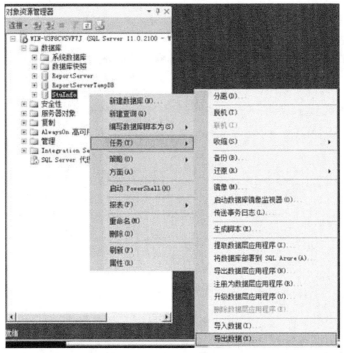

图 8-41　选择"导出数据"

（2）打开"SQL Server 导入和导出向导"界面，单击"下一步"按钮。出现"选择数据源"页面，在"数据源"下拉列表框里选择"SQL Server Native Client 11.0"，在"服务器名称"下拉列表框里输入目标数据库所在服务器名称，选择身份验证及目标数据库后，单击"下一步"按钮，如图 8-42 所示。

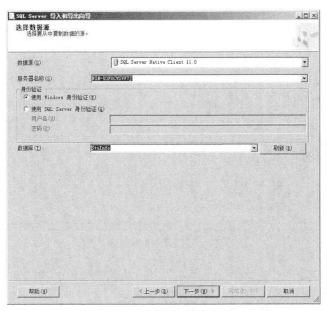

图 8-42　"选择数据源"页面

（3）进入"选择目标"页面，在"目标"下拉列表框里选择"Microsoft Excel"选项。在文件路径中选择相应路径，并选择相应版本，单击"下一步"按钮，如图 8-43 所示。

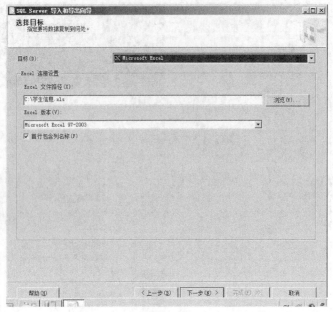

图 8-43 "选择目标"页面

（4）进入"指定表复制或查询"页面，在对话框中选择"复制一个或多个表或视图的数据"单选按钮，单击"下一步"按钮，如图 8-44 所示。

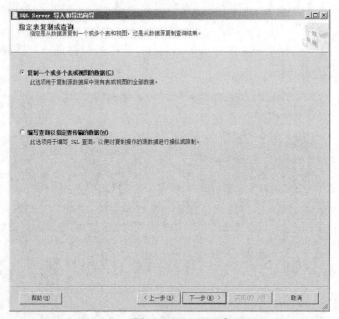

图 8-44 "指定表复制或查询"页面

（5）进入"选择源表和源视图"页面，在对话框中选择要导出的表，这里我们选择"学生信息"表，单击"下一步"按钮，如图 8-45 所示。

图 8-45 "选择源表和源视图"页面

（6）进入"查看数据类型映射"页面，在这里选择一个表来查看其数据类型映射到目标
中的数据类型的方式及其处理转换问题的方式，单击"下一步"按钮，如图 8-46 所示。

图 8-46 "查看数据类型映射"页面

（7）进入"保存并运行包"页面，在此对话框中可以选择是否希望保存 SSIS（SQL Server
集成服务）包，也可以立即执行导入数据操作，单击"下一步"按钮，如图 8-47 所示。

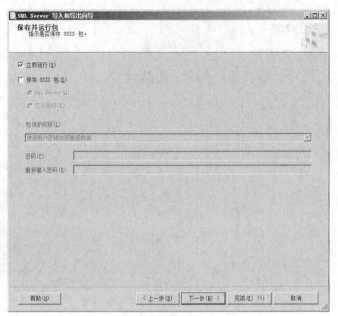

图 8-47　"保存并运行包"页面

（8）进入"完成该向导"页面，对话框中显示了在该向导中所作的设置，若确认前面的
操作正确，单击"完成"按钮后执行数据导入操作，如图 8-48 所示。

图 8-48　"完成该向导"页面

（9）在"执行成功"页面中，单击"关闭"按钮，完成数据的导出，如图 8-49 所示。

图 8-49 "执行成功"页面

（10）数据导出完成后，打开导出的文件，检查是否导出成功，如图 8-50 所示。

	A	B	C	D	E
	学生信息.xls				
1	学号	姓名	性别	出生日期	民族
2	211	王红	女	1990/3/1	汉
3	212	刘军	男	1990/5/7	汉
4	321	闵娜娜	女	1991/1/8	回
5	322	李明军	男	1990/8/13	汉
6	323	郝丽君	女	1991/10/2	回
7	431	祁鹏	男	1990/3/12	汉
8	432	张建国	男	1991/2/19	汉
9	433	韩强民	男	1990/12/6	汉
10	541	王芳	女	1991/5/23	汉
11	542	刘萍	女	1990/4/9	汉

图 8-50 检查结果

8.6 本章小结

● SQL Server 2012 安全性的管理包括数据库系统登录管理、数据库用户管理、数据库系统角色管理以及数据库访问权限管理等。

● SQL Server 身份验证模式指如何处理用户名和密码，SQL Server 2012 提供了两种验证模式：Windows 身份验证模式和混合模式。

● 可以使用 Windows 身份验证模式登录服务器。

● 可以使用 SQL Server 身份验证模式登录服务器。

● 了解用户、角色和权限之间的关系。

● 可以使用 SQL Server Management Studio 创建服务器用户和数据库用户。

● 可以使用 SQL Server Management Studio 创建数据库角色。

网络数据库 SQL Server 2012 教程

- 可以使用 Transact-SQL 语句授予权限、撤销权限和拒绝权限。
- SQL Server 2012 提供了完整备份、差异备份、事务日志备份及数据库文件和文件组备份等多种备份方式。
- 可以使用 SQL Server Management Studio 备份设备。
- 可以使用 SQL Server Management Studio 备份数据库。
- 可以使用 Transact-SQL 语句 BACKUP DATABASE 语句实现数据库的备份。
- 可以使用 SQL Server Management Studio 还原数据库。
- 可以使用 Transact-SQL 语句 RESTORE DATABASE 语句实现数据库的还原。
- "大容量导出"表示将数据从 SQL Server 表中复制到数据文件,"大容量导入"表示将数据从数据文件中加载到 SQL Server 表中。
- 可以使用 SQL Server Management Studio 对数据库进行导入和导出。

8.7 实训项目六 数据库安全性

8.7.1 实训目的

熟练使用 SQL Server 2012 创建和管理登录账户,创建数据库用户和设定数据库的访问权限。

8.7.2 实训要求

在 SQL Server 中建立账户 A,然后在数据库 StuInfo 中建立与 A 对应的用户 Tony,Tony 可以对 Student 表进行检索操作。

8.7.3 实训内容及步骤

(1)写出创建用户 Tony 的命令。

(2)写出为 Tony 赋予相应权限的命令。

(3)建立 manager 角色,并写出创建 manager 角色的命令。

(4)manager 可以对 Student 表进行增删改操作,写出为 manager 角色赋予相应权限的命令。

(5)写出禁止用户刘军对表 Student 进行删除操作的命令。

(6)写出建立账户 A 的命令。

8.8 课后习题

一、选择题

1. SQL 语言的 GRANT 和 REVOKE 语句主要是用来维护数据库的(   )。

A. 完整性   B. 可靠性   C. 安全性   D. 一致性

2. SQL Server 中,为便于管理用户及权限,可以将一组具有相同权限的用户组织在一起,这一组具有相同权限的用户就称为(   )。

A. 账户   B. 角色   C. 登录   D. SQL Server 用户

二、简答题

1. SQL Server 2012 可以使用哪两类账号登录?
2. 默认的数据库用户有哪几个?
3. 简述用户访问数据的时候经过哪 3 个安全阶段?

第 9 章
数据库综合练习

9.1 创建数据库练习

分别使用 SSMS 及 T-SQL 语句的方式创建数据库

在 C:\data 子目录下创建图书管理数据库（LibManage），数据文件初始大小为 2M，自动增长，每次增长 10%，事务日志文件初始大小为 3M，自动增长，每次增长 1M。写出创建该数据库的命令语句。

9.2 创建数据表及其表的操作练习

1. 分别使用 SSMS 及 T-SQL 语句的方式在数据库 LibManage 中建立以下 3 个表（表 9-1~表 9-3）。

表 9-1   Book（图书）表结构

列名称	数据类型及长度	是否允许为空	说明
书号	Int	否	主键
书名	Varchar (40)	否	
作者	Char(20)	是	
出版社	Varchar (20)	是	
出版日期	Datetime	是	
定价	Money	是	

表 9-2   Reader（读者）表结构

列名称	数据类型及长度	是否允许为空	说明
借书证号	Int	否	主键
姓名	Char(10)	否	
性别	Char(2)	是	
年龄	Int	是	
工作单位	Varchar(40)	是	
联系电话	Varchar(16)	是	

表 9-3　　　　　　　　　　Library（图书借阅）表结构

列名称	数据类型及长度	是否允许为空	说明
借书证号	Int	否	主键
书号	Int	否	主键
借阅日期	Datetime	是	

（1）写出建立 Book 表的语句。

（2）写出建立 Reader 表的语句。

（3）写出建立 Library 表的语句。

（4）在 Reader 表上，增加一列生日，写出 T-SQL 命令。

2．输入表中数据（表 9-4～表 9-6）

表 9-4　　　　　　　　　　Book（图书）表数据

书号	书名	作者	出版社	出版日期	定价
1	网络数据库	刘小军	人民邮电出版社	2012-3-20	38.00
2	计算机操作系统	郭晶	电子工业出版社	2013-5-23	29.00
3	高等数学	程杰	清华大学出版社	2013-6-15	32.00
4	定格动画	钱坤坤	人民邮电出版社	2013-9-10	33.00
5	会计学原理	周静	电子工业出版社	2014-1-23	28.00
6	管理学基础	柴树明	电子工业出版社	2014-5-7	26.00
7	大学英语	吴慧君	清华大学出版社	2014-6-27	30.00
8	数据结构	田大鹏	清华大学出版社	2014-9-20	32.00

表 9-5　　　　　　　　　　Reader（读者）表数据

借书证号	姓名	性别	年龄	工作单位	联系电话
1	钟凯	男	26	仪表设计公司	62283456
2	毛轩轩	男	34	地毯8厂	38265432
3	齐梅梅	女	22	二十中学	24134456
4	闻竹	女	45	电力公司	62346234
5	蔡和和	男	36	公交公司8厂	45782311
6	萧同	男	31	昊天设计公司	28697001
7	海霞	女	27	无线电九厂	82831001
8	李金矿	男	35	美名装饰公司	66562131

表 9-6　　　　　　　　　　Library（图书借阅）表数据

借书证号	书号	借阅日期
1	1	2013-12-8

借书证号	书号	借阅日期
2	3	2014-1-20
3	5	2014-3-2
7	2	2014-3-25
8	7	2014-4-2
5	6	2014-5-5

（1）写出 Book（图书）表第一条记录的插入命令语句。

（2）写出修改 Reader（读者）表的第 4 条记录，将性别'女'修改为'男'的命令语句。

（3）写出删除 Library（图书借阅）表第 6 条记录的命令语句。

9.3 查询语句练习

写出以下查询语句并上机验证查询结果。

1. 查询人民邮电出版社出版的图书信息。

2. 查询书价在 20~30 元之间的图书信息。

3. 查询书名为"管理学基础"的图书信息。

4. 查询"男"读者的基本信息。

5. 查询年龄在 40 岁以上的读者信息。

6. 查询年龄 30 岁以下的女读者姓名。

7. 查询读者"钟凯"借阅图书的信息。

8. 查询借阅日期为"2014-3-25"的借阅图书的信息。

9. 统计"男"读者的人数。

10. 查询 Book 表中图书平均价。

11. 查询 Reader 表中最小"女"读者的年龄。

12. 查询"清华大学出版社"出版图书的数量。

9.4 在数据库 LibManage 中建立以下索引及视图练习

1. 为了提高查询相关读者信息的速度，创建以读者姓名进行查询的索引，在数据库"LibManage"中为表 Reader 创建一个非聚集，唯一索引的 RIndex，索引键为"姓名"，升序排列，写出相应命令。

2. 为了提高查询相关图书信息的速度，在数据库"LibManage"中对表 Book 的"书名"和"作者"列建立具有唯一性的复合索引 BIndex，写出相应命令。

3. 在数据库"LibManage"中，建立 Book 表、Reader 表、Library 表之间的关系图，写出相应操作步骤。

4. 使用语句方法创建视图，视图中包括书名、作者、出版社列，视图名称为 View_book，写出命令语句。

5. 使用 SSMS 创建视图，视图中包括读者姓名、借阅的书名、借阅日期列，视图名称为

View_Reader，写出相应操作步骤。

6. 使用语句查看视图 View_book、View_Reader。

9.5　创建存储过程及触发器练习

在 StuInfo 数据库中，根据 Student、Course、Score 表写出以下创建和执行存储过程的命令。

1. 编写一个名为 sp_sum 存储过程，它能根据学号统计该学生的各门课程的总成绩。

2. 编写一个名为 sp_del 存储过程，它能根据学生姓名删除该学生全部的考核成绩。

3. 编写一个名为 sp_min 的存储过程，它能给出成绩最低学生的姓名。

4. 编写一个名为 sp_max 的存储过程，它能给出成绩最高的一位学生姓名。

5. 编写一个名为 sp_name 存储过程，它能根据课程名显示相应记录。

6. 编写一个名为 sp_count 存储过程，它能根据学生姓名统计该学生的考试科目数。

7. 编写一个名为 sp_sum1 存储过程，它能根据学生姓名统计该学生的总成绩并能将成绩返回给调用者。

8. 编写一个名为 sp_update 存储过程，它能根据课程号将该课程的考核成绩提高 10%。

9. 编写一个名为 sp_avg 存储过程，它能根据学号统计任一学生的平均考核成绩并能将平均考核成绩返回给调用者。

10. 编写一个名为 sp_avg1 存储过程，它能根据课程号统计学生的平均考核成绩并能将平均考核成绩返回给调用者。

11. 在 Course 表上编写一个插入类型的触发器，当有新记录插入时打印"有新记录插入！"。

12. 在 Score 表上编写一个修改类型的触发器，当有记录修改时打印"修改 Score 表记录！"。

9.6　数据库安全性练习

1. 建立 teacher 角色，并写出创建 teacher 角色的命令语句。

2. 将 Score 表上的增删改权限授予角色 teacher。

3. 从角色 teacher 收回对 Score 表的所有权限。

参 考 文 献

［1］贾铁军，甘泉. 数据库原理应用与实践. 北京：科学出版社，2013.

［2］周慧，施乐军. 数据库应用技术——SQL Server 2008 R2. 北京：人民邮电出版社，2013.

［3］陈志泊. 数据库原理及应用教程. 北京：人民邮电出版社，2014.

［4］蒋文沛. SQL Server 2008. 北京：人民邮电出版社，2009.

［5］姚丽娟，曲文尧. 基于 SQL Server 2008 的数据库技术项目教程. 北京：清华大学出版社，2014.

［6］程学先. 数据库系统原理与应用. 北京：清华大学出版社，2014.

［7］孙岩，于洪霞. SQL Server 2008 数据库应用案例教程. 北京：电子工业出版社，2014.

［8］郑阿奇. SQL Server 实用教程. 北京：电子工业出版社，2005.

［9］师伯乐，丁宝康，杨卫东. 数据库教程. 北京：电子工业出版社，2004.

附录 第 9 章参考答案

9.1 创建数据库练习

分别使用 SSMS 及 T-SQL 语句的方式创建数据库

SSMS 方式建立图书管理数据库（LibManage），如图 9-1 所示。

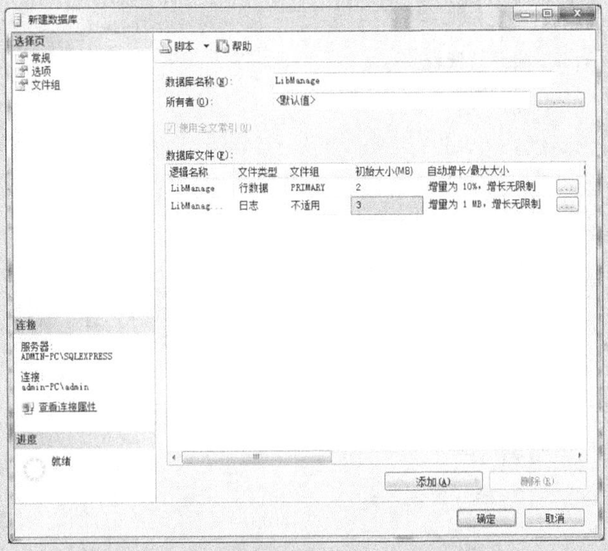

图 9-1 新建图书管理数据库（LibManage）

T-SQL 语句方式建立图书管理数据库（LibManage）

```
CREATE DATABASE LibManage
 ON  PRIMARY
( NAME = LibManage,
FILENAME = C:\DATA\LibManage.mdf' ,
SIZE = 2048KB ,
MAXSIZE = UNLIMITED,
FILEGROWTH = 10% )
 LOG ON
( NAME = LibManage_log,
```

```
FILENAME = C:\DATA\LibManage_log.ldf' ,
SIZE = 3052KB ,
 MAXSIZE = UNLIMITED ,
FILEGROWTH = 1024KB )
GO
```

9.2 创建数据表及其表的操作练习

1. 分别使用 SSMS 及 T-SQL 语句的方式在数据库 LibManage 中建立以下 3 个表。

（1）

● 语句方式建立 Book（图书）表

```
USE LibManage
GO
CREATE TABLE Book
(
    书号 int NOT NULL,
    书名  varchar(40) NOT NULL,
    作者  char(20) NULL,
    出版社  varchar(20) NULL,
    出版日期  datetime NULL,
    定价  money NULL,
 CONSTRAINT PK_Book PRIMARY KEY   (书号)
)
GO
```

● SSMS 方式方式建立 Book（图书）表，如图 9-2 所示。

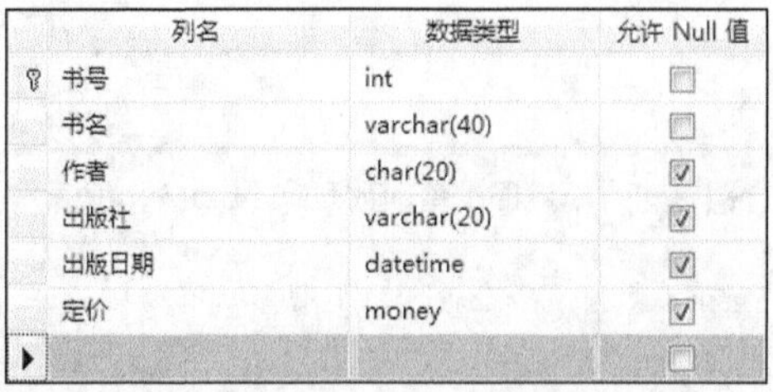

列名	数据类型	允许 Null 值
书号	int	☐
书名	varchar(40)	☐
作者	char(20)	☑
出版社	varchar(20)	☑
出版日期	datetime	☑
定价	money	☑
		☐

图 9-2 新建 Book（图书）表

（2）

● 语句方式建立 Reader（读者）表

```
USE LibManage
GO
CREATE TABLE Reader
(
    借书证号  int NOT NULL,
```

```
    姓名 char(10) NOT NULL,
    性别 char(2) NULL,
    年龄 int NULL,
    工作单位 varchar(40) NULL,
    联系电话 varchar(16) NULL,
 CONSTRAINT PK_Reader PRIMARY KEY  (借书证号)
)
GO
```

（3）

● SSMS 方式建立 Reader（读者）表，如图 9-3 所示。

列名	数据类型	允许 Null 值
🔑 借书证号	int	☐
姓名	char(10)	☐
性别	char(2)	☑
年龄	int	☑
工作单位	varchar(40)	☑
联系电话	varchar(16)	☑
▶		☐

图 9-3　新建 Reader（读者）表

● 语句方式建立 Library（图书借阅）表

```
USE LibManage
GO
CREATE TABLE Library
(
    借书证号 int NOT NULL,
    书号 int NOT NULL,
    借阅日期 datetime NULL,
 CONSTRAINT PK_Library PRIMARY KEY  (借书证号,书号)
)
GO
```

● SSMS 方式建立 Library（图书借阅）表，如图 9-4 所示。

列名	数据类型	允许 Null 值
🔑 借书证号	int	☐
🔑 书号	int	☐
借阅日期	datetime	☑
▶		☐

图 9-4　新建 Library（图书借阅）表

（4）USE LibManage

```
GO
Alter table Reader
Add 生日 datetime
```

GO

Reader 表增加"生日"列后的表结构件，如图 9-5 所示。

列名	数据类型	允许 Null 值
借书证号	int	☐
姓名	char(10)	☐
性别	char(2)	☑
年龄	int	☑
工作单位	varchar(40)	☑
联系电话	varchar(16)	☑
生日	datetime	☑
		☐

图 9-5　增加"生日"列的 Reader 表结构

2. 输入表中数据，如图 9-6 所示。

书号	书名	作者	出版社	出版日期	定价
1	网络数据库	刘小军 …	人民邮电出版社	2012-03-20 00:00:00.000	38.0000
2	计算机操作系统	郭晶	电子工业出版社	2013-05-23 00:00:00.000	29.0000
3	高等数学	程杰	清华大学出版社	2013-08-10 00:00:00.000	32.0000
4	定格动画	钱坤坤 …	人民邮电出版社	2013-09-10 00:00:00.000	33.0000
5	会计学原理	周静	电子工业出版社	2014-01-23 00:00:00.000	28.0000
6	管理学基础	柴树明	电子工业出版社	2014-05-07 00:00:00.000	26.0000
7	大学英语	吴慧君	清华大学出版社	2014-06-27 00:00:00.000	30.0000
8	数据结构	田大鹏	清华大学出版社	2014-09-20 00:00:00.000	32.0000
NULL	NULL	NULL	NULL	NULL	NULL

图 9-6　Book（图书）表数据

（1）Book

USE LibManage

GO

INSERT INTO LibManage (书号,书名,作者,出版社,出版日期,定价)

VALUES(1,' 网 络 数 据 库 ',' 刘 小 军 ',' 人 民 邮 电 出 版 社 ','2012-03-20 00:00:00.000','38.0000')

GO

（2）

USE LibManage

GO

UPDATE LibManage

SET 性别='男'

WHERE 借书证号=4

GO

Reader 表第 4 条记录修改前、修改后，如图 9-7（a）、图 9-7（b）所示。

借书证号	姓名	性别	年龄	工作单位	联系电话
1	钟凯	男	26	仪表设计公司	62283456
2	毛轩轩	男	34	地毯8厂	38265432
3	齐梅梅	女	22	二十中学	24134456
4	闽竹	女	45	电力公司	62346234
5	蔡和和	男	36	公交公司8厂	45782311
6	萧同	男	31	昊天设计公司	28697001
7	海殿	女	27	无线电九厂	82831001
8	李金矿	男	35	美名装饰公司	66562131
NULL	NULL	NULL	NULL	NULL	NULL

图 9-7（a）记录修改前

借书证号	姓名	性别	年龄	工作单位	联系电话
1	钟凯	男	26	仪表设计公司	62283456
2	毛轩轩	男	34	地毯8厂	38265432
3	齐梅梅	女	22	二十中学	24134456
4	闻竹	男	45	电力公司	62346234
5	蔡和和	男	36	公交公司8厂	45782311
6	萧同	男	31	昊天设计公司	28697001
7	海霞	女	27	无线电九厂	82831001
8	李金矿	男	35	美名装饰公司	66562131
*	NULL	NULL	NULL	NULL	NULL

图9-7　（b）记录修改后

（3）

```
USE LibManage
GO
DELETE Library WHERE  借书证号=5
GO
```

Library 表删除第6条记录前、删除记录后，如图9-8（a）、图9-8（b）所示。

借书证号	书号	借阅日期
1	1	2013-12-08 00:00:00.000
2	3	2014-01-20 00:00:00.000
3	5	2014-03-02 00:00:00.000
7	2	2014-03-25 00:00:00.000
8	7	2014-04-02 00:00:00.000
5	6	2014-05-05 00:00:00.000
*	NULL	NULL

图9-8　（a）删除前记录

借书证号	书号	借阅日期
1	1	2013-12-08 00:00:00.000
2	3	2014-01-20 00:00:00.000
3	5	2014-03-02 00:00:00.000
7	2	2014-03-25 00:00:00.000
8	7	2014-04-02 00:00:00.000
*	NULL	NULL	NULL

图9-8　（b）删除后记录

9.3　查询语句练习

1. 查询人民邮电出版社出版的图书信息，查询结果如图9-9所示。

```
select * from Book
       where  出版社＝'人民邮电出版社'
```

	书号	书名	作者	出版社	出版日期	定价
1	1	网络数据库	刘小军	人民邮电出版社	2012-03-20 00:00:00.000	38.00
2	4	定格动画	钱坤坤	人民邮电出版社	2013-09-10 00:00:00.000	33.00

图9-9　第1题查询结果

2. 查询书价在 20~30 元之间的图书信息，查询结果如图9-10所示。

```
select * from Book
       where  定价  between 20 and 30
```

	书号	书名	作者	出版社	出版日期	定价
1	2	计算机操作系统	郭晶	电子工业出版社	2013-05-23 00:00:00.000	29.00
2	5	会计学原理	周静	电子工业出版社	2014-01-23 00:00:00.000	28.00
3	6	管理学基础	柴树明	电子工业出版社	2014-05-07 00:00:00.000	26.00
4	7	大学英语	吴慧君	清华大学出版社	2014-06-27 00:00:00.000	30.00

图9-10　第2题查询结果

3. 查询书名为"管理学基础"的图书信息，查询结果如图 9-11 所示。

select * from Book

  where 书名='管理学基础'

	书号	书名	作者	出版社	出版日期	定价
1	6	管理学基础	柴树明	电子工业出版社	2014-05-07 00:00:00.000	26.00

图 9-11 第 3 题查询结果

4. 查询"男"读者的基本信息，查询结果如图 9-12 所示。

select * from Reader

  where 性别='男'

	借书证号	姓名	性别	年龄	工作单位	联系电话
1	1	钟凯	男	26	仪表设计公司	62283456
2	2	毛轩轩	男	34	地毯8厂	38265432
3	4	闻竹	男	45	电力公司	62346234
4	5	蔡和和	男	36	公交公司8厂	45782311
5	6	萧同	男	31	昊天设计公司	28697001
6	8	李金矿	男	35	美名装饰公司	66562131

图 9-12 第 4 题查询结果

5. 查询年龄在 40 岁以上的读者信息，查询结果如图 9-13 所示。

select * from Reader

  where 年龄>40

	借书证号	姓名	性别	年龄	工作单位	联系电话
1	4	闻竹	男	45	电力公司	62346234

图 9-13 第 5 题查询结果

6. 查询年龄 30 岁以下的女读者姓名，查询结果如图 9-14 所示。

select * from Reader

  where 年龄<40 and 性别='女'

	借书证号	姓名	性别	年龄	工作单位	联系电话
1	3	齐梅梅	女	22	二十中学	24134456
2	7	海霞	女	27	无线电九厂	82831001

图 9-14 第 6 题查询结果

7. 查询读者"钟凯"借阅图书的信息，查询结果如图 9-15 所示。

select * from Book

  where 书号 in (SELECT 书号 from Library join Reader on Library .借书证号

= Reader.借书证号 where 姓名='钟凯')

	书号	书名	作者	出版社	出版日期	定价
1	1	网络数据库	刘小军	人民邮电出版社	2012-03-20 00:00:00.000	38.00

图 9-15 第 7 题查询结果

8. 查询借阅日期为"2014-3-25"的借阅图书的信息，查询结果如图 9-16 所示。
select * from Book

      where 书号 in (SELECT 书号 from Library join Reader on Library.借书证号=Reader.借书证号 where 借阅日期='2014-3-25')

	书号	书名	作者	出版社	出版日期	定价
1	2	计算机操作系统	郭晶	电子工业出版社	2013-05-23 00:00:00.000	29.00

图 9-16　第 8 题查询结果

9. 统计"男"读者的人数，查询结果如图 9-17 所示。
select count(*) from Reader where 性别='男'

	（无列名）
1	6

图 9-17　第 9 题查询结果

10. 查询 Book 表中图书平均价，查询结果如图 9-18 所示。
Select avg(定价) from Book

	（无列名）
1	31.00

图 9-18　第 10 题查询结果

11. 查询 Reader 表中最小"女"读者的年龄，查询结果如图 9-19 所示。
Select min(年龄) from Reader

      Where 性别='女'

	（无列名）
1	22

图 9-19　第 11 题查询结果

12. 查询"清华大学出版社"出版图书的数量，查询结果如图 9-20 所示。
Select count(*) from Book

      where 出版社='清华大学出版社'

	（无列名）
1	3

图 9-20　第 12 题查询结果

9.4　在数据库 LibManage 中建立以下索引及视图练习

1. 为了提高查询相关读者信息的速度，创建以读者姓名进行查询的索引，在数据库"LibManage"中为表 Reader 创建一个非聚集，唯一索引的 Rindex，索引键为"姓名"，升序排列,写出相应命令。

Create unique index　Rindex　on Reader (姓名)

创建 Rindex 索引后对象资源管理器,如图 9-21 所示。

2. 为了提高查询相关图书信息的速度,在数据库"LibManage"中对表 Book 的"书名"和"作者"列建立具有唯一性的复合索引 BIndex,写出相应命令。

Create unique index　BIndex　on Book (书名,作者)

创建 BIndex 索引后的对象资源管理器,如图 9-22 所示。

图 9-21　创建 Rindex 索引后对象资源管理器

图 9-22　创建 BIndex 索引后对象资源管理器

3. 在数据库"LibManage"中,建立 Book 表、Reader 表、Library 表之间的关系图,写出相应操作步骤如图 9-23 所示。

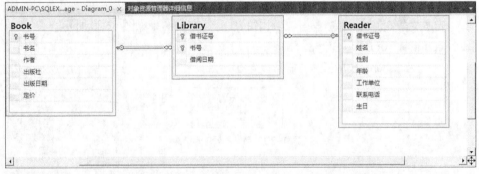

图 9-23　Book 表、Reader 表、Library 表之间的关系图

4. 使用语句方法创建视图,视图中包括书名、作者、出版社列,视图名称为 View_book,写出命令语句。

CREATE VIEW View_book (书名,作者,出版社)

```
AS
SELECT 书名,作者,出版社
    FROM Book
```

SSMS 方式创建 Viewbook 视图，如图 9-24 所示。

图 9-24　Viewbook 视图

5. 使用 SSMS 创建视图，视图中包括读者姓名、借阅的书名、借阅日期列，视图名称为 View_Reader，如图 9-25（a）、图 9-25（b）所示。

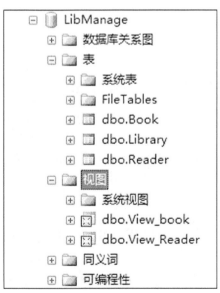

图 9-25（a）　数据库 LibManage "视图" 节点

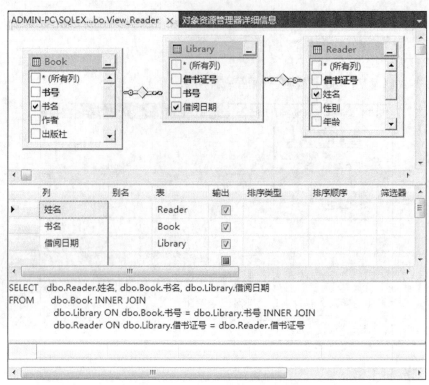

图 9-25（b）　按条件建立视图

6. 使用语句查看视图 View_book、View_Reader。

select * from View_book

查看 View_book 结果，如图 9-26 所示。

select * from View_Reader

查看 View_Reader 结果，如图 9-27 所示。

	书名	作者	出版社
1	网络数据库	刘小军	人民邮电出版社
2	计算机操作系统	郭晶	电子工业出版社
3	高等数学	程杰	清华大学出版社
4	定格动画	钱坤坤	人民邮电出版社
5	会计学原理	周静	电子工业出版社
6	管理学基础	柴树明	电子工业出版社
7	大学英语	吴慧君	清华大学出版社
8	数据结构	田大鹏	清华大学出版社

图 9-26　Viewbook 视图查询结果

	姓名	书名	借阅日期
1	钟凯	网络数据库	2013-12-08 00:00:00.000
2	毛轩轩	高等数学	2014-01-20 00:00:00.000
3	齐梅梅	会计学原理	2014-03-02 00:00:00.000
4	海霞	计算机操作系统	2014-03-25 00:00:00.000
5	李金矿	大学英语	2014-04-02 00:00:00.000

图 9-27　View_Reader 视图查询结果

9.5　创建存储过程及触发器练习

在 StuInfo 数据库中，根据 Student、Course、Score 表写出以下创建和执行存储过程的命令。

1. 编写一个名为 sp_sum 存储过程，它能根据学号统计该学生的各门课程的总成绩。

create proc sp_sum @sid int as

select sum(成绩) from Score where 学号=@sid

go

执行存储过程语句：exec sp_sum 211

语句执行结果，如图 9-28 所示。

图 9-28 第 1 题执行结果

2. 编写一个名为 sp_del 存储过程，它能根据学生姓名删除该学生全部的考核成绩。

```
create proc sp_del @a varchar(8) as
begin tran
delete Score
where 学号=(select 学号 from
student where 姓名=@a)
if @@error<>0
begin print '删除失败!'
Rollback tran
end
else begin print '删除成功!'
Commit tran end
Go
```

执行存储过程语句：exec sp_del 韩强民

语句执行结果，如图 9-29 所示。

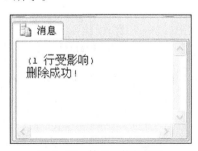

图 9-29 第 2 题执行结果

3. 编写一个名为 sp_min 的存储过程，它能给出成绩最低学生的姓名。

```
create proc sp_min
as
select student.姓名
from student join Score on student.学号=Score.学号
where Score.成绩<=(select min(Score.成绩) from Score)
```

go

执行存储过程语句：exec sp_min

语句执行结果，如图 9-30 所示。

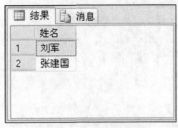

图 9-30　第 3 题执行结果

4．编写一个名为 sp_max 的存储过程，它能给出成绩最高的一位学生姓名。

```
create proc sp_max
as
select  姓名
from    student join Score on
student.学号=Score.学号
where  成绩=(select max(成绩) from Score)
go
```

执行存储过程语句：exec sp_max

语句执行结果，如图 9-31 所示。

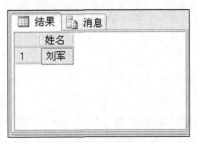

图 9-31　第 4 题执行结果

5．编写一个名为 sp_name 存储过程，它能根据课程名显示相应记录。

```
create proc sp_name @a char(10)
as
select *
from    Course
where  课程名=@a
go
```

执行存储过程语句：exec sp_name '数据库'

语句执行结果，如图 9-32 所示。

图 9-32　第 5 题执行结果

6. 编写一个名为 sp_count 存储过程，它能根据学生姓名统计该学生的考试科目数。

```
create proc sp_count @a varchar(8)
as
select count(Score.课程号)
from    student join Score on
Student.学号=Score.学号
where Student.姓名=@a
go
```

执行存储过程语句：exec sp_count '王红'

语句执行结果，如图 9-33 所示。

图 9-33　第 6 题执行结果

7. 编写一个名为 sp_sum1 存储过程，它能根据学生姓名统计该学生的总成绩并能将成绩返回给调用者。

```
create proc sp_sum1 @a varchar(8),@b numeric(5,1) output
as
select @b=sum(成绩)
from    student join Score on
student.学号=Score.学号
where  姓名=@a
go
```

执行存储过程语句：declare @sum numeric(5,1)

```
exec sp_sum1    '王红' ,@sum output
select 'sum=', @sum
```

语句执行结果，如图 9-34 所示。

图 9-34　第 7 题执行结果

8. 编写一个名为 sp_update 存储过程，它能根据课程号将该课程的考核成绩提高 10%。

```
create proc sp_update @a smallint as
begin tran
```

```
update Score
set  成绩=成绩+成绩*0.1
where  课程号=@a
if @@error<>0
begin print '失败！'
Rollback tran
end
else begin print '成功!'
Commit tran end
Go
```

执行存储过程语句：exec sp_update 1

语句执行结果，如图 9-35 所示。

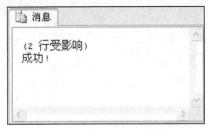

图 9-35　第 8 题执行结果

9. 编写一个名为 sp_avg 存储过程，它能根据学号统计任一学生的平均考核成绩并能将平均考核成绩返回给调用者。

```
create proc sp_avg @a smallint,@b numeric(5,1) output
as
select @b=avg(成绩)
from Score
where  学号=@a
go
```

执行存储过程语句：declare @avg numeric(5,1)

exec sp_avg   211 ,@avg output

select 'avg=', @avg

语句执行结果，如图 9-36 所示。

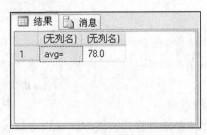

图 9-36　第 9 题执行结果

10. 编写一个名为 sp_avg1 存储过程，它能根据课程号统计学生的平均考核成绩并能将平均考核成绩返回给调用者。

```
create proc sp_avg1 @a smallint,@b numeric(5,1) output
as
select @b=avg(成绩)
from Score
where  课程号=@a
go
```

执行存储过程语句：declare @avg numeric(5,1)

```
exec sp_avg1    1 ,@avg output
select 'avg=', @avg
```

语句执行结果，如图 9-37 所示。

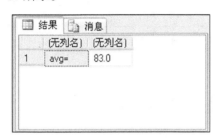

图 9-37   第 10 题执行结果

11. 在 course 表上编写一个插入类型的触发器，当有新记录插入时打印"有新记录插入！"。

```
CREATE TRIGGER course_insert ON   dbo . course    FOR INSERT
AS
print '新的课程加入！'
print '请做好操作记录！'
```

在 course 表中插入一条新记录，insert course values(9,'高等数学','王老师',60,3,'必修')检查
course_insert 的触发器的执行效果，如图 9-38 所示。

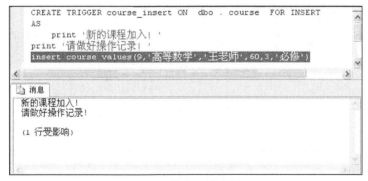

图 9-38   第 11 题执行结果

12. 在 Score 表上编写一个修改类型的触发器，当有记录修改时打印"修改 Score 表记录！"。

```
CREATE TRIGGER Score_update ON Score FOR UPDATE
AS
print '修改 report 记录'
```

输入以下语句 update Score set 成绩 =89 where 学号 =211 and 课程号 =1 检查 Score_update 触发器的执行效果，如图 9-39 所示。

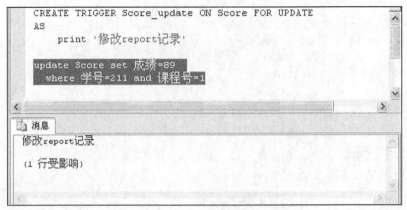

图 9-39 第 12 题执行结果

9.6 数据库安全性练习

1. 建立 teacher 角色，并写出创建 teacher 角色的命令语句。
EXEC sp_addrole 'teacher'

2. 将 Score 表上的增删改权限授予角色 teacher
GRANT INSERT,UPDATE,DELETE ON Score To teacher

3. 从角色 teacher 收回对 Score 表的所有权限
REVOKE ALL ON Score FROM teacher
语句执行结果，如图 9-40 所示。

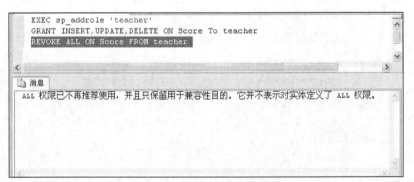

图 9-40 teacher 角色权限收回语句执行结果